ROLAND LÖWISCH

Die Bucket [illegible] für MERCEDES-BENZ FAHRER

100 DINGE, DIE MAN MIT EINEM MERCEDES ERLEBT HABEN MUSS

PLAZA

PLAZA
ist ein Imprint der

HEEL Verlag GmbH
Gut Pottscheidt
53639 Königswinter
Telefon 0 22 23 / 92 30-0
Telefax 0 22 23 / 92 30-13
info@heel-verlag.de
www.heel-verlag.de

Verantwortlich für den Inhalt: Roland Löwisch

Lektorat: Jürgen Schlegelmilch

Lithographie, Satz und Gestaltung: F5 Mediengestaltung Ralf Kolmsee, Bonn

Fotos: Adobe Stock (#2, 3, 4, 5, 9, 15, 16, 19, 27, 29, 31, 33, 36, 37, 39, 41, 44, 45, 46, 47, 48, 49, 53, 54, 57, 58, 59, 63, 64, 68, 73, 79, 83, 87, 91, 92, 93, 99); AIRBUS (#16); Archiv HEEL Verlag (#021); Autoren-Union Mobilität/Rimac (#27); BMW Group AG (#53, 65); Brabus (#75); Freepik.com (#030); Herpa (#9); Mercedes-Benz Group AG (#1, 2, 3, 4, 5, 6, 7, 8, 10, 11, 13, 14, 15, 17, 19, 20, 21, 22, 23, 24, 25, 26, 28, 19, 29, 31, 32, 34, 35, 37, 38, 40, 41, 42, 43, 44, 45, 46, 48, 49, 50, 51, 52, 53, 54, 55, 56, 57, 58, 59, 60, 61, 62, 63, 65, 66, 67, 68, 69, 70, 71, 72, 73, 76, 77, 78, 80, 81, 82, 83, 84, 85, 86, 87, 88, 90, 91, 93, 97,98, 99, 100); Nokian Tyres (#18); Opel Automobile (#100); Peugeot (#100); Porsche AG (#11, 89); VW AG (#32); Wiebe Wakker (#5); www. Mercedes-Fans.de (#12)

Printed in Czech Republic

ISBN 978-3-96664-727-4

Bitte beachten

Mercedes-Fahrer haben immer Vorbildfunktion! Bei aller Begeisterung für die anstehenden und teils augenzwinkernd zu verstehenden Aufgaben sollten selbstverständlich stets die geltenden Gesetze und gesellschaftlichen Normen eingehalten werden.

ROLAND LÖWISCH

Die Buckel List für MERCEDES-BENZ FAHRER

Kleben Sie hier Ihr persönliches Erinnerungsfoto ein.

TIPP ...

Zur Erfolgskontrolle nach gelungener Bewältigung der Aufgabe nicht vergessen, einen Haken an die Sache zu machen!

Vorwort

Ich weiß noch, wie ich meinen ersten Mercedes geliebt habe. Obwohl es eine Wanderdüne war. Ja, genau „die“ Wanderdüne - ein Strichachter als 200 D. Fast 1,4 Tonnen schwer, 55 atemberaubende PS dank OM 615, im Winter stets zwei Gehwegplatten im Kofferraum, damit die angetriebene Hinterachse auch genug Traktion bekommen möge bei Schnee und Eis, als es beides damals in Hamburg im Winter noch gab. Der Choke zum Warmglühen musste so lange gezogen werden, bis die Finger schmerzten, aber dann sprang der nahezu unzerstörbare Vierzylinder-Diesel (in Taxis schaffte er nicht selten Fahrleistungen von einer Million Kilometern oder mehr) zuverlässig an und nagelte die Nachbarschaft taub.

Was für ein tolles Auto, das ich zunächst als studierender Aushilfstaxifahrer im Dauereinsatz kennengelernt hatte. Nach diversen Käfern, Enten und einem BMW 320 nannte ich nun zum ersten Mal so einen Tresor mein Eigen, bei dem die Türen noch mit dem oft beschrieben satten, Mercedes-typischen Klang schlossen. Im studentischen Eimsbüttel hatte der Stern auf dem Kühler des Laternenparkers zwar eine Halbwertzeit von vielleicht einer Woche, dann musste er schon wieder ersetzt werden. Egal, das Teil kostet damals nicht die Welt und gehörte einfach auf die Front, und sei es als Fadenkreuz.

Der Strichachter besaß einen riesigen Kofferraum, fette Sitze und ein neutrales Renommee, damit konnte man sich sogar auf dem Campus blicken lassen. Dumm nur, dass es nie Parkplätze in dieser Größe gab, was mich des Öfteren bewog, wieder nach Hause zu fahren, woraufhin sich meine Studienzeit spürbar verlängerte. Auch aus diesem Grund werde ich diesen Mercedes nie vergessen, der mich dann schließlich mit gebrochenem Rahmen verlassen musste und von einem dunkelgrünen W 123 ersetzt wurde, der letztlich sein Leben in weiß foliert irgendwo in Afrika gefristet haben wird. Aber das ist eine andere Geschichte.

So hat wohl fast jeder Autofahrer seine Erfahrungen mit der Marke mit dem Stern gemacht - sei es als Besitzer, als Fahrer oder als Nutzer. Wer die Marke in sein Herz geschlossen hat, sollte sie dann aber auch leben und erleben. Und dabei helfen wir mit diesem kleinen Ratgeber, der - zugegebenerweise nicht immer ganz ernst meinend und oft mit einem zwinkernden Auge - ein paar Tipps gibt, was man alles mit einem oder in einem Mercedes erleben könnte und sollte. Auch wenn nicht alles (problemlos) machbar ist: Viel Spaß beim Abhaken der Aufgaben.

Hamburg/Königswinter im Herbst 2023

Roland Löwisch

1 Die Fernfahrt von Bertha Benz nachfahren

Wenn man keinen Benz Patent-Motorwagen für die 106 Kilometer lange Tour von Mannheim nach Pforzheim zur Hand hat, vielleicht auf eine Wanderdüne zurückgreifen – das ist zum Beispiel ein Strichachter als 200 D. 55 PS für knapp 1,4 Tonnen dürften den gleichen Eindruck hinterlassen. Immerhin unternahm die Gattin von Benz im Jahr 1888 die erste Kraftwagen-Fernfahrt der Geschichte nicht allein, sondern war in Begleitung ihrer Söhne Richard und Eugen. Ach ja, noch etwas: Zum Spaß bei einer Apotheke in Wiesloch nach „Ligroin" fragen. Es ist kaum zu hoffen, dass man es bekommt – aber es wäre schon interessant, ob man dort noch weiß, was es mal war …

Das Classics & Coffee besuchen

2

Im Sommer stets sonntags findet das Old- und Youngtimer-Treffen Classics & Coffee am Mercedes-Benz Museum statt. Grund genug, hinzufahren. Als Mercedes-Besitzer sowieso, aber auch Fans anderer Marken sind willkommen. Es geht um die Liebe zu altem und bestens gepflegtem Blech, ums Fachsimpeln beim Benzingespräch und natürlich darum, zu sehen und gesehen zu werden. Vorfahren können Fahrzeuge aller Automobilmarken mit H-Kennzeichen sowie mehr als 20 Jahre alte Youngtimer in gutem Zustand. Eine Voranmeldung ist nicht erforderlich, die Teilnahme ist kostenlos.

3 Mit einem Mercedes auf die Nordschleife

AKTUELLER REKORD

Schon richtig: Mercedes ist nicht die typische Nordschleifenmarke. Aber: Im November 2022 fuhr ausgerechnet die Marke mit dem Stern hier einen neuen offiziellen Rekord für Serienfahrzeuge heraus, und zwar mit dem Mercedes-AMG One. Maro Engel schaffte die Fabelzeit von 6:35,183 Minuten für die 20,8 Kilometer lange Strecke. Das ist für normale Mercedes-Besitzer natürlich nicht zu knacken - aber man kann es ja mal in sieben Minuten probieren ...
Zum Vergleich: Zur Blütezeit der Deutsche Tourenwagenmeisterschaft (DTM) lag die Bestzeit von Klaus Ludwig auf seinem 190 E 2.5-16 Evolution II (rechts oben) bei 8:45,99 Minuten bei einer längeren Streckenvariante von 25,3 Kilometern.
Für alle, die jetzt auf den Geschmack gekommen sind: Eine Runde bei den Touristenfahrten liegt je nach Wochentag aktuell bei 30 bis 35 Euro. Für Hartgesottene und Perfektionisten bietet sich die Saisonkarte für 3000 Euro an. Naja: Bald ist ja wieder Weihnachten! Oder Geburtstag! Oder ein anderer Anlass, um beschenkt zu werden.

QUALIFYING-RUNDE DTM 1992

MEIN REKORD

Kleben Sie hier Ihr Erinnerungsfoto ein.

4 Mit dem vollelektrischen EQA die deutschen Stromstraßen besuchen

Die gibt's nicht? Doch, die gibt's: Zum Beispiel in 10555 Berlin Moabit, Bezirk Mitte. Sie ist teilweise Landesstraße, teilweise Zufahrtsweg mit 30er- und 50er-Zone. Auch Saarbrücken (66115) hat eine Stromstraße, und zwar im Stadtteil Malstatt. Und für Düsseldorfer: Stromstraße in Unterbilk (40221), in Ostdeutschland bietet sich die Stromstraße im Seeheilbad Zingst (18374) an. Bevor der Einwand kommt: Ja, es gibt alternativ auch die Wattstraße(n). Beispielsweise in Köln-Gremberg (51105). Spannend (sorry für das Wortspiel) wird es auch in einer der Ampére-Straßen, wie die in 73499 Wört-Bösenlustnau, eine 1500-Einwohner-Gemeinde am östlichen Rand des Ostalbkreises.

Die bislang weiteste E-Auto-Reise mit einem Mercedes EQS toppen

5

Der Holländer Wiebe Wakker hat 2019 wohl die bislang längste Reise mit einem Elektroauto absolviert. Sein Trip startete in den Niederlanden und endete, begleitet von einer Parade aus 50 Elektroautos, bei den Königlichen Botanischen Gärten in Sydney. Mit seinem VW Golf namens „The Blue Bandit" fuhr er durch 33 Länder. Die ganze Reise dauerte etwas mehr als drei Jahre, Wakker legte 95.000 Kilometer zurück. Für die nächste Reise empfehlen wir den EQS 450+, weil der bis Redaktionsschluss mit 742 Kilometern schon mal die längste Reichweite aller Vollelektrobenze anbietet. Der VISION EQXX fuhr Mitte 2022 sogar schon 1202 Kilometer mit einer Batterieladung - leider ist das kein Serienmodell ...

6 Aus einem Mercedes ein Art Car gestalten

BMW macht es schon seit 1975 und begeistert inzwischen mit dem bereits 20sten vierrädrigen Kunstwerk. Bei Mercedes-Benz ist das eher noch eine junge Disziplin. Immerhin hat sich Markenbotschafter und Musiker Cro der Sache mal angenommen und kreierte 2015 mit Lacksprühdosen, Lackstiften und Lackfarbe den CLA Street Style. Was der Mann mit der Panda-Maske schafft, das können Sie doch auch. Ab in den Baumarkt und das Farbregal checken ...

Bei AMG seinen Mercedes selber bauen

7

Bei der Aufgabe könnten gute Kontakte sicher helfen, denn normalerweise darf man sich nicht selbst seinen Mercedes-AMG-Motor in Affalterbach bauen. Noch nicht! Schließlich hat es General Motors seinerzeit bei der Corvette vorgemacht: Dort praktizierte man – wie bei der Konkurrenz von AMG oder Aston Martin – das Prinzip „One man, one engine". Allerdings kamen die geschäftstüchtigen Manager auf die Idee, dass der Corvette-Kunde bei der Fertigung des V8-Triebwerks unter Anleitung der Werksmonteure Hand anlegen durfte – natürlich gegen Aufpreis und mit individuell erstellter Fertigungsplakette. Wer partout keinen Zugang bekommt, kann immerhin an den Werksführungen teilnehmen, um zumindest auf diese Art AMG-Luft zu schnuppern. Schließlich ist es ja bereits verbindend,wenn man die Geburtsstätte des eigenen Autos besucht, wenn man schon nicht selber schrauben darf ...

8

Dem Nachwuchs ein Mercedes-Tretauto spendieren

Da gibt es zum Beispiel wunderschöne gebrauchte, zu Drucklegung dieses Buches bei Ebay zum Beispiel einen Ferbedo Mercedes 190 SL von 1958 für fast 4000 Euro, ein 280 SL Cabrio für 7400 Euro und von AT&V einen 59er-190 SL für abgehobene 10.000 Euro. Es gibt sie aber auch schon günstiger, zum Beispiel einen SL 65 AMG für zehn Euro (Schnäppchen!!!) oder einen SLK für 55 Euro.

Ein Modell von seinem Mercedes im Miniatur-Wunderland in Hamburg positionieren

9

Kein Witz: Auch wenn das Miniatur-Wunderland in Hamburg ein Eldorado für Eisenbahnfans ist, kann es Automobilisten genauso erfreuen. Denn weit mehr als 9000 Pkw und Lkw wurden in ganz verschiedenen Situationen in Szene gesetzt. Bei den Last- und Lieferwagen können Firmen gegen einen kleinen Obolus und mit bei den Machern genehmen Themen und Branchen ihre Firmenlogos postieren – warum also nicht mal einen personalisierten Mercedes präsentieren? Es ist einen Versuch wert.

10 In der Gruppe schöne Reisen erleben

Es gibt diverse Anbieter von Oldtimer-Gruppenreisen – Mercedes selbst gehört auch dazu. Dort werden unter „Classic Car Travel" Touren in gestellten SL angeboten inklusive Service, Reiseleiter, ausgearbeitete Routen, Roadbook und schöne Restaurants und Hotels. So geht es zum Beispiel durch die Provence, in die französischen Seealpen, durch die Toskana und an den Lago Maggiore. Man kann allerdings auch die legendäre Mille Miglia begleiten.

Zur Drift-Challenge gegen Walter Röhrl antreten

11

Er ist der Herr der Seitenscheibenfliegen; er ist der Messias der waagerechten Ergriffenheitstränen; er ist der Chef der Allradfraktion; er ist der Urvater der Überachtminutenhelmverweigerer: Walter Röhrl, ehemaliger Rallyefahrer, Europa- und zweifacher Weltmeister - und zweifellos der beste Autofahrer der Welt. Und sogar wäre er fast Werksfahrer auf einem Mercedes 500 SL (R 107 mit Hardtop) bei der Rallye-WM 1981 geworden: Allerdings stoppte der Vorstand der Daimler-Benz AG das Rallyeprojekt wenige Wochen vor der Rallye Monte Carlo jenes Jahres.

Der Mann ist zwar jetzt ordentlich über 70, aber Engagierte wie uns vernascht er in Sachen Tempo, Stil und Ästhetik beim Quertreiben noch locker. Das ist also eine wirkliche Herausforderung!

12 Beim Mercedes-Festival SCHÖNE STERNE® im Ruhrgebiet teilnehmen

Das kann nun wirklich jeder machen! Ort ist Hattingen auf dem Gelände des LWL-Museums Heinrichshütte, Werksstraße 31 - 33. Einmal im Jahr geht's da rund: 2022 kamen 12.500 Gäste aus ganz Europa an die Ruhr. Alle Modellreihen und alle Baujahre sind willkommen. Immer sonntags vergibt eine Fachjury über 50 Pokale in den Kategorien „Top 50 aus allen Modelljahren und Baureihen", „weiteste Anreise" und „Editor's Pick". Immer besondere Beachtung verdienen die speziellen Themeninseln und die Präsentation herausragender Automobile. Nähere Infos gibt es beim Veranstalter:

LEV MA 54

13 Mit dem Mercedes-Lkw Sohnemanns Umzug organisieren

Was ein echter Mercedes-Fahrer ist, der muss vielleicht nicht jedes Modell einmal gefahren sein, aber doch eines aus jeder Kategorie, die es bei Mercedes gibt. Die fettesten Autos sind dabei nicht die S-Klassen und Konsorten, sondern die Lkw – allen voran der Arocs. Und wenn schon, dann natürlich den vierachsigen Schwerlast-Actros bis 250 Tonnen. Dickster Motor ist der OM 473 mit 15,6 Litern Hubraum und 578 PS. Damit dürfte zum Beispiel der Auszug des Sohnes aus dem Elternhaus durchaus machbar sein – mitsamt seiner diversen Sammlungen jeglicher Art. Dazu passt irgendwie auch der Pressetext von Mercedes: „Gebaut für logistische und taktische Herausforderungen …“

Wer es eine Spur nostalgischer haben möchte: Da wäre noch der Mercedes-Benz LP 333, ganz ohne Fahrkomfort, Automatikgetriebe oder intelligente Fahrerassistenzsysteme. Von dem legendären 200 PS starken „Tausendfüßler“-Frontlenker mit doppelter Vorderachse rollten zwischen 1958 und 1961 gut 1800 Exemplare aus dem Werk Gaggenau zu den Kunden.

Noch einmal in einem W 123 Taxi fahren

14

Der W 123 war als Taxi in Deutschland eine Institution. Und fast jedes Taxi trug einst den Mercedes-Stern – die Sitzauflagen mussten abwaschbar sein, die Außenfarbe ist mit RAL 1015 „Hellelfenbein" seit 1971 (Anordnung des damaligen Bundesverkehrsministers Georg Leber, SPD) vorgeschrieben – außer in Niedersachsen, Schleswig-Holstein und Baden-Württemberg. Schon allein aus nostalgischen Gründen sollte man nur noch in verbliebene W 123 einsteigen. Das erspart einem, sich das Gejammer derjenigen Taxifahrer anzuhören, die einen Tesla fahren (müssen?) und von dessen Langzeitqualitäten enttäuscht sind.

15 Seinen Mercedes aus 2000 Puzzle-Teilen zusammenbauen

Erster Schritt: Um an ein 2000-Teile-Puzzle seines eigenen Benz zu kommen, braucht man eigentlich nur ein schönes Foto von seinem vierrädrigen Liebling. Eine hohe Auflösung sollte das Bild allerdings schon haben, denn das fertige Werk hat am Ende in der Regel das Format 90 x 67 cm. Einschlägige Produzenten finden sich im Internet. Hier noch ein paar Tipps zur Bildgestaltung: Der Benz sollte nicht klein im Hintergrund unter einem formatfüllend wolkenlos-blauen Himmel stehen. Obwohl: Eine solches Motiv trainiert natürlich ungemein den Geduldsfaden und kann sogar ein schöner Zeitvertreib an der Ladesäule sein.

Sein Können im Mercedes-Flugsimulator beweisen

16

Dafür steht in Kooperation mit der Mercedes-Benz Niederlassung Berlin direkt im Mercedes-Benz AirportCenter Berlin ein Airbus A320-Flugsimulator auf einem hochmodernen Bewegungssystem zur Verfügung. Das Gerät verfügt über ein Full Motion-System der 4-Tonnen-Klasse, das Bewegungen genau nachbildet.

Hier fliegt man in einem original Cockpit, in dem alles wie beim realen Flugzeug funktioniert - das Cockpit war Teil eines Airbus Linienflugzeuges, das bis 2015 für die TAM in Brasilien flog. Das System ist mit mehreren Projektoren, einer Projektionskuppel und Flight-Computern ausgestattet für eine perfekte Simulation.

17 Sich im Mercedes 600 chauffieren lassen

Stilvoller geht es kaum. Auch nicht in einem modernen Mercedes. Am besten natürlich im Landaulet, bei dem man den Fond öffnen kann. Übrigens die beste Möglichkeit, der Außenwelt seinen erlesenen Automobilgeschmack zu demonstrieren: Vom viertürigen 600 Pullman-Landaulet-W 100 entstanden nämlich zwischen 1964 bis 1981 gerade mal 32 Exemplare, von der sechstürigen Version gar nur 26 Einheiten. Unter der Haube dieser Repräsentationswagen saß das einzigartige V8-Triebwerk, das aus 6332 ccm Hubraum 250 PS generierte. Es ist tatsächlich ein Mercedes, in dem man sich hinten noch wohler fühlt als am Steuer.

18

Den Tempo- und Weitenrekord mit einem Auto auf zwei Rädern brechen

Man kann ja erstmal mit einem dieser Rekorde anfangen. Den Temporekord hält der finnische Stuntfahrer Vesa Kivimäki mit 186,269 km/h in einem BMW 330d. Der Italiener Michele Pilia fuhr 2009 eine Strecke von 371,06 Kilometern auf zwei Rädern. Und welches Auto wäre passend? Am besten irgendwas Robustes und nicht so Angesagtes, falls man doch mal umkippt.

19

Eine Man-Cave einrichten

Ein Mann muss haben, was ein Mann haben muss: zum Beispiel eine Höhle für sich und sein Auto – oder Autos. So eine richtig schöne Garage, die nach Öl und Leder riechen darf, mit passenden Postern oder Bildern an der Wand und ein paar Werkzeugen ausgestattet, mit einer Sitzecke für Benzingespräche am Objekt samt ausrangiertem Ölfass als Tisch und mit einem Kühlschrank samt den bevorzugten Getränken darin. Das gilt natürlich auch für eine Woman-Cave …

20 Sich ein Auto aus dem Mercedes-Museum aussuchen und kaufen

Das Uhlenhaut Coupé – benannt nach seinem Schöpfer und damaligen Chefingenieur Rudolf Uhlenhaut – basiert auf der Technik des erfolgreichen W 196 R Grand Prix-Wagens. Höchstgeschwindigkeit: bis zu 300 km/h.

Manchmal verkauft das Museum ja bekanntlich Autos, auch seltene und teure. Zuletzt konnte sich so ein privater Sammler eins von nur zwei Exemplaren eines so genannten Mercedes-Benz 300 SLR „Uhlenhaut Coupé“, Baujahr 1955 sichern: Die Auktion fand am 5. Mai 2022 im Mercedes-Benz Museum vor ausgewählten Mercedes-Kunden und internationalen Autosammlern statt. Mit einem Erlös von 135 Millionen Euro gehört die Stern-Rarität zu den zehn wertvollsten Gegenständen von Technik bis Kunst, die jemals bei einer Auktion den Besitzer oder die Besitzerin wechselten. Das bis dahin wertvollste Auto – ein Ferrari 250 GTO von 1962 – war mehr als 90 Millionen Euro „billiger“.

Der Erlös aus der SLR-Auktion kommt übriges einem „Mercedes-Benz-Fonds“ für Bildungs- und Forschungsstipendien für junge Menschen zu Gute.

Also, Sparbuch plündern und einfach mal an der Kasse fragen …

Mit Mercedes-Chef Ola Källenius zu Abend essen

21

MENUE-KARTE

gebeizter Norwegischer Lachs mit Gurkensalat, leichter Buttermilch und Kerbelöl

Kalbstatar, Handgeschnitten aus dem Kalbsrücken mit Kapernmayonnaise, dazu pochiertes Wachtelei

Pochierter Zander an geröstetem Focaccia mit Schmelztomaten und angegossener Hummerbisque

Rehrücken aus Baden-Württemberg auf Serviettenknödel, cremigem Wirsing und einer Wildjus

Auswahl von Französischem Rohmilch-käse mit Traubenkompott und Brot

Es gäbe so viel zu fragen. Zum Beispiel: Warum Mercedes den treuen A-, B- und C-Klasse-Käufer alleine lässt mit der Entscheidung, in Zukunft nur noch Luxus- und Oberklasse-autos zu bauen; oder: Ob er nicht auch erkennt, dass das künstliche Geblubber aus den Mercedes-AMG-Kraftpaketen nicht mehr zeitgemäß ist; oder: ihn überzeugen, jetzt doch noch eine Kleinserie vom Mercedes C111 aufzulegen. Der war zu seiner Zeit unglaublich innovativ - und ist heute (in den Augen von Kennern) schöner als die GT-Sportwagen.

22 Die längste Reise mit einem Mercedes schlagen

Dazu müssten Sie allerdings (wahrscheinlich) mehr als 26 Jahre reisen und dabei mehr als 899.592 Kilometer fahren (als kleiner weiterer Anreiz: davon dann noch mehr als 250.000 Kilometer offroad). Diese Marke hat Gunter Holtorf mit seinem G-Modell 300 GD gesetzt, der 1989 startete und dann 215 Länder bereiste, dabei 410 Grenzübertritte allein außerhalb Europas bestritt. Letztlich fuhr er 22,5 mal rund um die Welt. Na denn: Gute Fahrt!

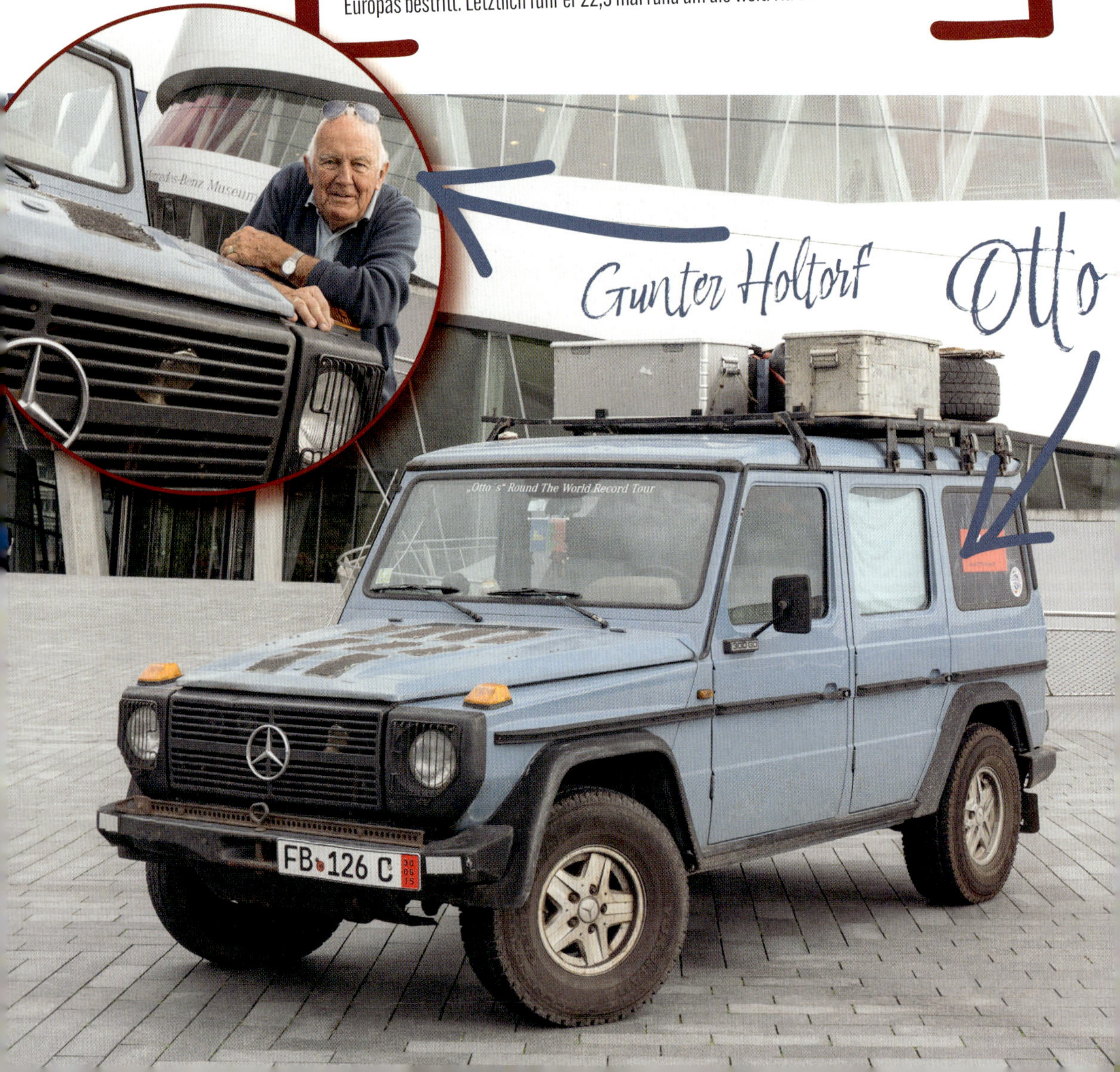

Eine legendäre Benz-Fernfahrt nachfahren

23

Baron Theodor von Liebieg schaffte es, im Jahr 1894 im Benz Victoria von Reichenberg in Böhmen (heute Liberec in Tschechien) über Mannheim nach Gondorf an die Mosel zu reisen. Er benötigte sieben Tage mit dem drei PS starken Automobil. Die Tour ging über Bautzen, Dresden, Waldheim, Eisenberg, Jena, Weimar, Erfurt, Gotha, Eisenach, Fulda, Offenbach, Frankfurt, Darmstadt, Mannheim und dann an Rhein und Mosel bis nach Gondorf. Die Strecke war 939 Kilometer lang. Liebieg und sein Begleiter Franz Stransky benötigten genau 69 Stunden, was einem Durchschnittstempo von 13,6 Stundenkilometern entspricht. Das Auto verköstigte dabei 21 Liter Benzin auf 100 Kilometer. Je 100 Kilometer mussten bis zu rund 150 Liter Kühlwasser nachgegossen werden. Vier Wochen später fuhren die beiden Abenteurer die Strecke wieder zurück. Die gesamte Tour mit Ausflügen war letztlich 2500 Kilometer lang. Selbstverständlich kann man das heute mit einem modernen Benz nachfahren – aber die Herausforderung wird umso größer, je älter der Mercedes ist …

24 Im Maybach 62 S zum Bewerbungsgespräch vorfahren

Zugegeben: Erfolgreich war die von der damaligen DaimlerChrysler AG 2002 neu eingeführte Marke Maybach nicht wirklich, was wohl unter anderem an der zu großen optischen Ähnlichkeit zur S-Klasse und dem im Ausland völlig unbekannten Namen (auf amerikanisch: „Mäibäck") gelegen haben mag. Nichtsdestotrotz war es ein Über-Auto: 612 PS, 6,2 Meter lang, 2,9 Tonnen Wagengewicht, in 5,2 Sekunden von 0 auf 100 km/h. Im Fond edle Champagnerkelche, Lederfauteuils und Gardinen. Eine Massagevorrichtung in jedem Fondsitz knetet lädierte Managerrücken, acht Mini-Ventilatoren belüften verschwitzte Vorstandsbundfaltenhosen. Die größte Show bietet das Dach, das man dank Elektrotransparenz auf Milchglas oder auf Durchsicht schalten kann. Und einen Tacho gibt's hinten auch noch. Wer damit vorfährt, kann seinem künftigen Chef immerhin schon rein optisch klarmachen, dass man nicht auf den Kopf gefallen ist ...

Einen Mercedes-Benz T 80 neu aufbauen und endlich den lange geplanten Rekord einfahren

25

Bitte nicht grämen, wenn bei der Modellbezeichnung T 80 nicht gleich das betreffende Auto vor dem geistigen Auge schwebt: Der T 80 ist ein Rekordwagen von 1939, der nur ein einziges Mal in Zusammenarbeit mit dem Porsche-Büro gebaut wurde und nie einen Rekord einfuhr, denn 1940 wurde das Projekt eingestellt wegen Ausbruch des Weltkrieges. Das mehr als acht Meter lange Gefährt wurde angetrieben von einem bis zu 3500 PS starken Daimler-Benz-Flugmotor und war für ein Tempo von bis zu 650 km/h ausgelegt. 2018 hat das Mercedes-Benz Classic Center das Original-Fahrgestell des T 80 mit seinen Aggregaten als faszinierendes Schaustück aufbereitet. Dazu gehören auch ein authentisch rekonstruierter Gitterrohrrahmen und ein Schnittmotor des Typs DB 603.

26 Mit dem Unimog zum höchsten befahrbaren Punkt der Erde fahren

Das ist momentan ein Fleck auf dem höchsten Vulkan der Erde, dem Ojos del Salado in Chile. Ok, wir sollten an dieser Stelle vielleicht erwähnen, dass 2019 ein Team um den Deutschen Matthias Jeschke mit zwei hochgeländegängigen Unimog U 5023 bereits auf genau 6694 Höhenmeter gefahren ist und damit den aktuellen Rekord hält. Da sollte doch noch mehr drin sein, oder? Der Berg zumindest endet erst auf 6876 Metern. Aber nicht vergessen: Pro 1000 Höhenmeter verliert ein Verbrennungsmotor etwa zehn Prozent seiner Leistung …

Ojos del Salado / Chile
Off-road Unimog.
Built for extremes.
EXTREM EVENTS – MATTHIAS JESCHKE
ZAGRO
Group
buch
& bild
ALLIANCE

27 Mit einem rein elektrischen Mercedes den Temporekord für Elektroautos sichern

Da müsste man aber seinen Mercedes noch ordentlich „frisieren", zum Beispiel den Mercedes-AMG EQS 53 4MATIC+, der serienmäßig mit 762 PS daherkommt. Also am besten nochmal den gleichen Antrieb zusätzlich einbauen. Denn zu Redaktionsschluss dieses Buches gehörte der Rekord dem 1224 PS starken Rimac Nevara mit 412 km/h, gefahren ausgerechnet auf der Mercedes-Teststrecke im niedersächsischen Papenburg.

Einen V12 auseinander- und erfolgreich wieder zusammenbauen

28

Zugegeben: Das ist schon eine echte Herausforderung, die viel Platz und noch mehr Erfahrung erfordert. Aber bei dem V12 handelt es sich ja auch nicht um irgendein Triebwerk. Der M 120 ist nicht weniger als der erste serienmäßig produzierte Pkw-Zwölfzylinder von Mercedes-Benz und die konsequente Antwort auf den Mitbewerber BMW, der mit dem 750i im Jahre 1987 den ersten Zwölfzylindermotor in einem Personenwagen der deutschen Nachkriegsgeschichte präsentiert hatte.

Von 1991 bis 1998 liefen Limousinen und Coupés der Baureihen W 140/C 140 (später der SL R 129) mit diesem „Zwölfender“ und der passenden Modellbezeichnung 600 SE und 600 SEL am Heck vom Band. Die 12 Zylinder mit einem Bankwinkel von 60° schöpfen aus 5897 ccm bis zu 408 PS (300 kW). Das sollte auch Ziel der anstehenden Motorrevision sein ...

29 Im Death Valley ein Spiegelei auf der Haube braten

Wie? Das ist nicht neu? Machen Sie mal. Und dann schauen wir, wie Sie das Ei mit einem Schaber vorsichtig (!) vom Lack heben!

30

Burger essen in der Kultbude „Big Boost Burger“

„Wo man Burger isst, lass Dich nieder. Böse Menschen singen lieber Lieder.“ Oder so ähnlich. Tipp für Mercedes-Fahrer mit Drang zum Benzinburger: Restaurant „Big Boost Burger“ von TV-Schrauber und Autoenthusiast J.P. Kraemer, Dortmund, Klönnestraße 94. Der Veggie-Burger heißt „Eco Boost“, der BBQ-Burger „Diesel“. Unser Vorschlag für einen künftigen Chili-Burger: „Biturbo“.

31 Alpenpässe-Tour in einem Cabriolet

Gibt es ein besseres Umfeld als Alpenpässe, um offene Autos zu genießen? Ein klares „Nein“. Also rein in einen der offenen Mercedes (SL, SLK) und hoch die Pässe. Königsdisziplin ist natürlich der Trip im AMG GT Roadster. Aber man kann ja nicht alles haben.
Eine kleine Liste mit dankenswerten Zielen? Kein Problem: Hier gibt es die Top 12 der höchsten asphaltierten Alpenpässe, die auf zwei oder vier Rädern durchgehend auf ungeschotterten Straßen legal befahrbar sind:
https://www.paesse.info/hoechste-paesse-der-alpen/#anker-hoechste-alpenpaesse

Vorsicht: Spoiler! Hier die Top 3:

1. Col de l'Iseran in Frankreich — 2770 m
2. Stilfser Joch (Passo dello Stelvio) in Italien — 2758 m
3. Col d'Agnel (Colle dell'Agnello) in Frankreich-Italien — 2744 m

Mehr zu den „Lebensadern der Alpen“ bieten auch alpenrouten.de und www.alpentourer.eu, die auf ihren Internetseiten für mehr als 300 Alpenpässe und Alpenstraßen detailliert informieren über Befahrbarkeit, Wintersperren und Straßenzustand. Hier gibt es auch viele Fotos, Listen, Karten und GPS-Daten rund um die imposantesten und kurvigsten Straßen der Welt.

32 Im Diesel den Pikes Peak hochjagen

Hier Bild von eigenem Auto einkleben

Wer einmal an diesem Berg in Colorado, USA, war, wird ihn nicht vergessen – vor allem nicht den Blick von oben auf die Wolken unter einem, wenn unzählige Rennwagen beim großen Pikes-Peak-Rennen die 19,9 Kilometer lange Strecke einzeln hochjagen. Findet das Rennen gerade mal nicht statt, kann man problemlos – in welchem Auto auch immer – die Strecke selber in Angriff nehmen. Seit 2012 auch das letzte Teilstück asphaltiert ist, muss man nicht mal mehr Schäden durch Kieselsteine befürchten. Für Mercedes ist das kein Neuland: 2015 zum Beispiel brannte Uwe Nittel mit einem fast serienmäßigen Mercedes C 300 d 4Matic mit 11:37 Minuten einen neuen Rekord für Dieselfahrzeuge in den Bodenbelag.

Schrammenfrei durch das Parkhaus N6 in Mannheim rangieren

33

Ich kenne zwar nicht alle Parkhäuser Deutschlands, aber das N6 in Mannheim ist für Fans unverletzter Lacke wohl eines der gruseligsten. Die Stellplätze sind mit 2,2 Metern extrem eng, was hauptsächlich an den Pfeilern liegt, die für eine gewisse Statik sorgen. Der ADAC hat dem N6 bei einem Vergleich von 40 Parkhäusern einst die rote Laterne angehängt. Eine Challenge der besonderen Art …

34

Mit einem Safety Car um die Strecke fahren

Was für eine Vorstellung: An der Spitze eines Formel-1-Starterfeldes die 20 Boliden um die jeweilige Strecke führen. Und das möglichst zügig, damit die Reifen nicht zu kalt werden. Vielleicht sollte man sich vorher noch ein paar praktische Tipps holen - und wer könnte da besser helfen als Bernd Mayländer. Der gebürtige Waiblinger und erfahrene DTM-Pilot (1995-2004) ist seit 2000 offizieller Fahrer der Safety Cars der Formel 1. Seitdem bestreitet er seine Einsätze zumeist auf Fahrzeugen mit dem Stern. Seit der Saison 2022 stellen die Stuttgarter einen 730 PS starken Mercedes-AMG GT Black Series als Führungsfahrzeug.

Ein Formel-1-Rennen besuchen

35

Wer Mercedes liebt, sollte seine Lieblingsmarke auch mal live bei einem Formel-1-Rennen anfeuern. Mercedes stieg 1954 in diese höchste Motorsportklasse ein, und schon im ersten Jahr wurde Juan Manuel Fangio auf Mercedes Fahrerweltmeister. Auch 1955 siegte er, dann zog sich Mercedes nach dem schlimmsten Rennunfall aller Zeiten in Le Mans vom Motorsport zurück. 1994 stieg Mercedes zunächst als Motorenlieferant wieder ein, 1995 wurde das McLaren-Team neuer Partner. Seit 2010 gibt es wieder ein Mercedes-Benz F1-Werksteam. 2014 und 2015 siegte Lewis Hamilton, 2016 Nico Rosberg, 2017 bis 2020 wurde wieder Hamilton Weltmeister. Die Konstrukteursmeisterschaft sicherte sich Mercedes von 2014 bis 2021. Auch wenn es danach nicht mehr so gut lief: Daumen drücken! Und Gehörschutz nicht vergessen!

36

Die Deutsche Alleenstraße von Anfang bis Ende fahren

Mercedes Cabrio, Sonne, Auslandsmüdigkeit und viel Zeit - und Sie wissen nichts damit anzufangen? Da habe ich einen Tipp: Bezwingen Sie die Deutsche Alleenstraße. 1993 wurde das erste Teilstück eröffnet, heute führt sie kreuz und quer durch Deutschland von Rügen bis zum Bodensee und touchiert dabei zehn Bundesländer. Länge: 2900 Kilometer. Na dann: Viel Spaß!

37 Fotoshooting fürs eigene Auto buchen

Glauben Sie mir: Es ist völlig egal, welchen Autofotografen Sie buchen – die Jungs können alle etwas, und zwar ganz viel. Aber machen sollten Sie es. Denn nehmen wir mal an, Sie nutzen Ihren Mercedes tatsächlich und stellen ihn nicht nur in der Hoffnung auf Häufung des schnöden Mammons in den Tresor, dann wird sich das Auto im Laufe der Zeit verändern. Da freut man sich doch, das gute Stück vom Profi optisch eingefroren haben zu lassen …

Einem Autoverweigerer die Vorzüge des Mercedes-Maybach S 680 Haute Voiture Sonderserie erklären

38

Ja, wir geben Ihnen Recht: Das ist eine echte Herausforderung. Fangen wir mit einem Wortspiel zur Einstimmung an, um das Eis zu brechen: Der Name deutet schon an, wo die Inspirationsquellen für diese Sonderserie liegen, nämlich in der Modewelt. Haute Couture, also die gehobene Schneiderkunst, ist hier die Vorlage für Haute Voiture - es handelt sich naheliegenderweise um gehobene Autokunst. Weiter geht es mit harten Fakten: Technische Basis ist ein unveränderter Mercedes-Maybach S 680 4-Matic. Die werksveredelte S-Klasse in der Langversion beherbergt einen Sechsliter-V12-Biturbo-Benziner, der die 2,9-Tonnen-Fuhre mit 612 PS und maximal 900 Newtonmeter dank Neungang-Automatik und Allrad von Null auf Hundert in 4,5 Sekunden schiebt. Der Vortrieb der Tachonadel endet bei 250 km/h Höchstgeschwindigkeit.

Die Ausstattung ist besonders edel und opulent: Das Interieur greift die Außenfarben auf, ergänzt durch Elemente in Kristall- und Opalweiß. Außerdem sind Sitzbezüge und Kissen in einem Bouclé-Stoff in Blau-, Beige-, Roségold- und Goldtönen gehalten. Als Material für die Fußmatten dient Leinen und Mohair. Wenn das alles noch nicht überzeugt: Champagnerkelche sind im Farbton Roségold gehalten und selbstverständlich gibt es eine Taschenkollektion, die zusammen mit dem Sondermodell eingeführt wird. Ein maßstabsgetreues Modell samt passend zum Fahrzeug nummerierter Box und Schlüsselanhänger gehören ebenfalls zum Lieferumfang.

Und jetzt das ultimative Argument: Es werden nur 150 Exemplare dieses Luxusliners gebaut werden. Ok, der Preis ist noch nicht ganz genau kalkuliert, er wird aber jenseits von 230.556,55 Euro liegen, die ein Mercedes-Maybach S 680 4-Matic mindestens kostet.

39 Stuttgart bei Nacht erleben und alle Straßen für sich haben

Rio Reiser sang einst, was er machen würde, wenn er König von Deutschland wär‘. So hoch muss man gar nicht greifen – würde doch schon reichen, wenn man mal Stuttgart für sich haben würde. Am besten bei Nacht, oder? Gut 200 Quadratkilometer Areal, mehr als 610.000 Mitbürger, die einfach mal still sind – und dann herrliche Kreise im Kessel drehen, wie man will und wo man will. Zwischendurch vielleicht im Affalterbach baden und den Feuerbach löschen, das Degerloch stopfen und Möhringen schälen. Und dann weiter cruisen bis Sonnenaufgang. Achja, es reicht so wenig zum Glücklichsein.

40 Mit dem Mercedes-Chefdesigner über Design diskutieren

Technik ist das eine – aber Autos werden auch heute noch vor allem wegen ihres Designs gekauft. Einen optisch missratenen SL kauft kein Mensch, selbst wenn da irgendwann 1000 PS unter der Haube bereit sind, das ultimative Fahrerlebnis abzurufen. Aber wie entwickelt man eine Ikone so weiter, dass sie mit der Zeit geht, trotzdem immer erkennbar ist und auch noch gefällt? Entlocken Sie das Geheimnis mal dem Chief Design Officer der Mercedes-Benz Group AG Professor Gorden Wagener. Das ist mindestens so spannend wie Mercedes fahren: Denn bevor der gebürtige Essener (Jahrgang 1968) 1997 bei Mercedes-Benz anfing, war er als Exterieur-Designer bei Volkswagen, Mazda und General Motors tätig. Unter seiner Leitung entwickelte er mit seinem Team im Jahre 2009 die Design-Philosophie der „Sinnlichen Klarheit“.

Markenbotschafter werden

Kann doch nicht so schwer sein – aktuell haben das ja auch Jan Frodeno, Bernhard Langer, will.i.am, Ricki Fowler, Inbee Park, Ian Poulter, Jon Rahm, So Yeon Ryu, Hanspeter Bacher, Asuka Kashiwabara und andere geschafft. Falls es Probleme gibt, einfach schnell vorher Supersportler, Schauspieler oder Musiker werden!

42 Sich einen Mercedes 450 SEL 6.9 ausleihen

Wer wirklich Eindruck schinden will, bei wem auch immer, sollte nicht mit einem modernen AMG GT vorfahren, sondern mit einem 450 SEL 6.9. Das Auto ist einfach unglaublich: Fast nicht als Powerlimousine erkennbar, aber unter der Haube ein V8 mit 286 PS. Technische Leckerbissen unterm Blech waren seinerzeit, also 1975, zum Beispiel eine Doppelquerlenker-Vorderachse aus dem Experimentalfahrzeug C 111, die die Fahreigenschaften deutlich verbesserte. Hinten arbeitete die im Wesentlichen gleichgebliebene Achse aus dem Strichachter. Immerhin war nun der Tank crashsicher über der Hinterachse eingebaut, und ab 1979 war das gemeinsam mit Bosch entwickelte Anti-Blockiersystem „ABS“ optional zu haben. 7380 Stück wurden gebaut, da sollte man doch mal irgendwo ans Steuer dürfen …

Copilot sein beim ältesten angemeldeten Benz in Deutschland

43

Das dürfte der Benz Victoria Nr. 99 von 1894 sein. Der gehört zur unglaublichen Sammlung des PS.SPEICHER in Einbeck, 2019 fuhr ihn Sammlungsgründer und Stifter Karl-Heinz Rehkopf höchstselbst zum TÜV und zur erstmaligen H-Zulassung. Um selber zu fahren, reicht übrigens kein Führerschein: Das ist nur mit Spezialwissen zu machen.

44

Mit einem R 107 auf die Route 66 – nach Hollywood

Auch wenn Stefanie Powers und Robert Wagner in ihrer Serie „Hart aber herzlich“ stets einen R 107 benutzten – auf das Auto konnte sich der Titel nur halbherzig bezogen haben. So ein Roadster war eher weich, aber durchaus herzlich – besonders, wenn man ihn nutzt, um hollywoodgerecht damit über die Route 66 zu cruisen. Vielleicht sogar bis in die Filmmetropole?

Einen Mercedes-Fotokalender basteln

45

Nee, natürlich nicht irgendeinen. Sondern einen mit allen Mercedes-Modellen, die Sie je besessen haben. Oder besitzen. Oder besitzen wollen. Da sich das normalerweise von Jahr zu Jahr ändert, kann man sich alle zwölf Monate wunderbar einen neuen Kalender basteln.

46 Aus einem Mercedes ein Campermobil bauen

Zugegeben: Die Idee ist nicht ganz neu. Aber sie spornt die Kreativität an. Bereits in den Siebzigern konnten Um- und Aufbauten für Mercedes-Modelle auf dem Caravan-Salon in Düsseldorf - inzwischen wichtigste und größte Campingmesse der Welt - bestaunt werden.

B3 fahren

47

Hört sich trivial an? Mag sein. Abwarten! Es muss ja nicht immer die Route 66 sein: Gleich hinter Buxtehude (Ortsteil Ovelgönne) biegen wir ab auf Deutschlands Traum(bundes)straße, die B3, und folgen ihr auf gut 800 Kilometern von Norden nach Süden. Der Trip - geprägt von wechselvollen Landschaften, reizvollen Städten und abwechslungsreichen kulinarischen Highlights - endet erst in Weil-Otterbach an der Bundesgrenze zur Schweiz. Für alle, die bei dieser Gelegenheit ihre Konten und Depots im Land der Eidgenossen checken möchten: Ab hier geht´s dann auf der Hauptstrasse 3 bzw. 7 weiter ins 10 Minuten entfernte Basel, weitere 70 Minuten später stehen wir in Zürich. Achtung: Auf jeden Fall die Geschwindigkeitsschilder beachten!

48 Mit Schrempp eine Hochzeit planen

Der Mann weiß, wie es geht: Er hat seine eigene mit Chrysler sogar in den Himmel gehoben und es geschafft, danach die Pantoffeln anzubehalten. Also: Seine Tipps dürften unbezahlbar sein, will man in der Ehe das Sagen haben!

49 Mit altem S-Modell Camping-Urlaub wie damals machen

Urlaub auf dem Campingplatz liegt voll im Trend. Aber mit einem modernen King-Size-Wohnmobil kann das ja jeder. Viel reizvoller ist da, das Gefühl von damals wiederzubeleben, als es galt, das S-Klasse-Gespann ganz ohne elektronische Einparkhilfe am Zielort auf der zugewiesenen Parzelle abzustellen.

Wer auf der Suche nach höheren Zielen ist, dem sei hier der höchstgelegene Campingplatz Europas im Schatten des 4171 Meter hohen Dent d'Hérens in der Schweiz empfohlen. Auf 1950 Metern ist die Luft auf dem Camping Arolla am Ende des Val d'Hérens im Wallis zwar mächtig dünn, doch näher kann man dem Himmel beim Camping in Europa nicht kommen.

Ein Mercedes-Buch schreiben

50

Versprochen: Das funktioniert. Man muss nur eine Idee haben. Und Zeit. Und einen Verlag finden. Und noch ein bisschen mehr. Aber dann funktioniert's.

51 Die Steilkurve in Brooklands besuchen und Nostalgie atmen

Die Renn- und Teststrecke in Weybridge in Surrey war die erste ihrer Art weltweit und wurde nur für Test- und Rennfahrten genutzt. In Kriegszeiten quartierte sich die Royal Airforce auf dem Gelände ein. Die Reste der Rennstrecke, die ursprünglich von dem wohlhabenden Großgrundbesitzer Hugh Fortescue Locke-King erbaut wurde, werden heute von der Historischen Gesellschaft unter dem Vorsitz u. a. von Stirling Moss unterhalten. Besucher finden hier zahlreiche Fahrzeuge mit Geschichte, Flugzeuge und Erinnerungsstücke aus der Glanzzeit (1907-1939) der Anlage, die gut eine Stunde südwestlich von London liegt. Und wo liegt der Reiz in dieser Aufgabe? Nun, hier erzielte der Rennfahrer und britische Benz-Repräsentant L. G. Hornsted in den Jahren 1913/14 insgesamt sieben Weltrekorde mit einem modifizierten „BlitzenBenz". Einfach mal in die Steilkurve stellen und Nostalgie inhalieren. Achja, aktuell unterhält die Daimler AG auf dem Gelände eine Testanlage.

Einen persönlichen Vergleich fahren: 190er Elektro-Benz gegen Mercedes EQA

Schon Anfang der Neunziger baute Daimler zu Forschungszwecken mehrere Mercedes 190er mit E-Antrieb (W 201). Benz-typisch glänzten sie mit hoher Zuverlässigkeit. Nur in Serie ging dieser 190 E Elektro nicht. Immerhin: Zehn elektrifizierte W 201 nahmen erfolgreich an einer Veranstaltung in Binz auf der Insel Rügen teil: Das vom Bundesministerium für Forschung und Technologie geförderten Großprojekt zur „Praxiserprobung von Elektrofahrzeugen der neuesten Generation" ging von Oktober 1992 bis Juni 1996. Die Mitbewerber von Opel (Astra Impuls 3), Fiat (Pand Elettra), BMW (3er E36) und VW (Golf CitySTROMer und T4) trafen bei der Gelegenheit auch auf die zehn Exemplare des auf E-Antrieb umgerüsteten Transporter MB 100 D, den die Stuttgarter auf die Ostseeinsel geschickt hatten.

Im Gegensatz zu vielen der elektrischen Versuchsträger mit Bleibatterien setzte Mercedes auf Natrium-Nickel-Chlorid-Batterien in Verbindung mit Energierückgewinnung über die Bremsen. Damit war eine Kurzzeitleistung von 42 PS und eine Dauerleistung von 26 PS möglich. An den Hinterrädern saß jeweils ein permanentmagnetisch erregter Gleichstrommotor. In neun Sekunden beschleunigte der 190 „E" laut Werksangaben auf 50 km/h, die Höchstgeschwindigkeit lag bei 120 km/h. Die Batterien erhöhten das Gewicht des „Baby-Benz" um knapp 400 Kilo, die Reichweite soll zwischen 80 und 175 Kilometer betragen haben. Im EQA - die Elektroversion des GLA und gleichzeitig das elektrische Mercedes-Einsteigermodell - steckt eine Batterie mit 66,5 kWh Kapazität (netto nutzbar). Laut Mercedes soll mit 190 PS eine Norm-Reichweite von bis zu 426 Kilometern im WLTP-Zyklus möglich sein. Den Rest dürfen Sie selber rauskriegen.

53 Mit einem alten Benz der Villa d’Este einen Preis abstauben

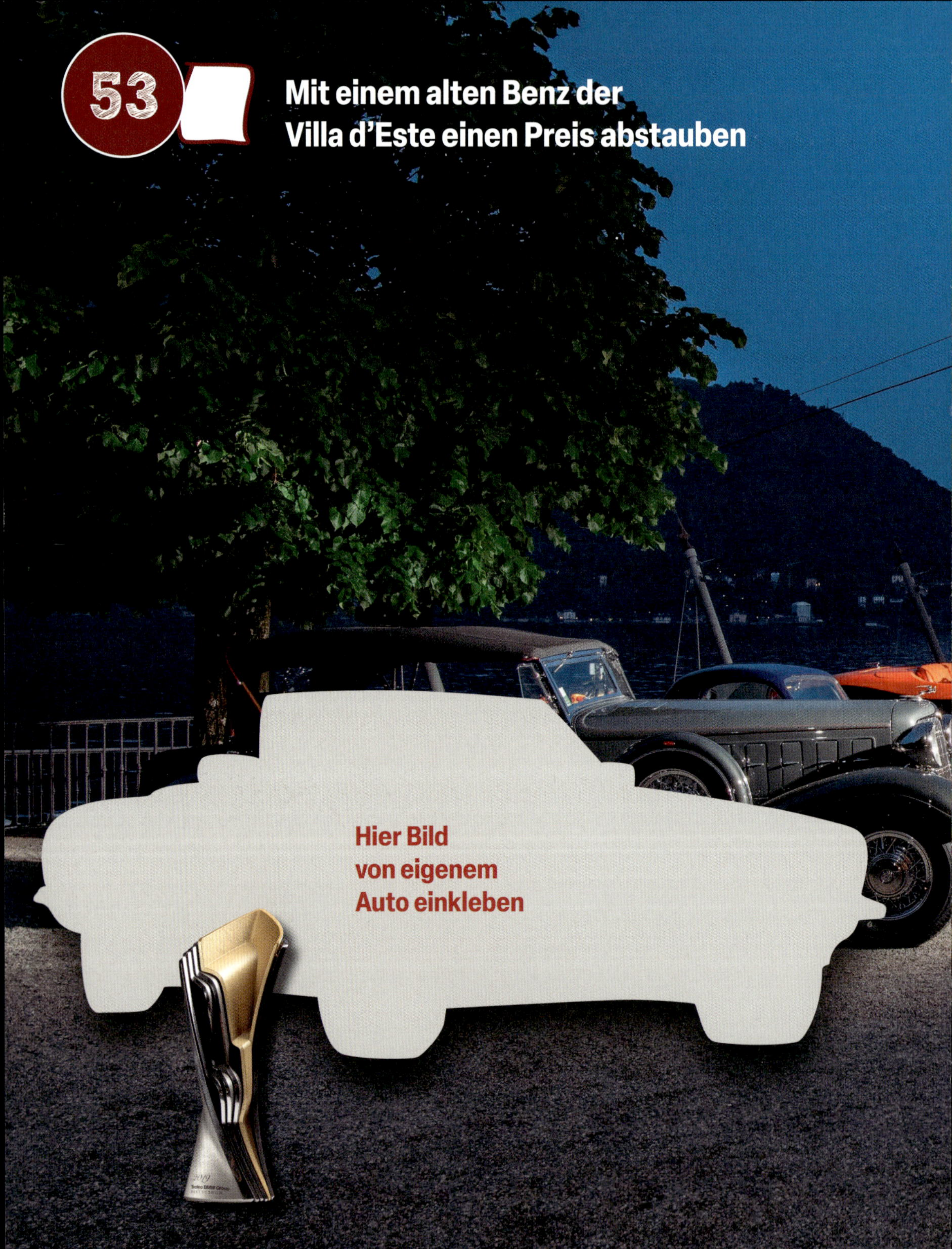

Warum? Erstens, weil das den Wagen wertvoller macht und zweitens, weil der Concorso d'Eleganza Villa d'Este seit langem fest in Hand des Hauptsponsors BMW ist. Die herrlichen Anlagen des Grand Hotel Villa d'Este dienen jedes Jahr als Kulisse für die exquisite Vielfalt an historischen Automobilen. Der exklusive Schönheitswettbewerb für historische Fahrzeuge lockt mit acht reizvollen Klassen. Der strahlende Sieger bekommt dann die Trofeo BMW Group. Besonderes Highlight in diesen Elektro-Hype-Zeiten war die im Jahr 2023 erstmalige Vergabe des Trofeo Il Canto del Motore für den brillantesten Klang eines Motors. Jonas Kaufmann, einer der größten Tenöre unserer Zeit, überreichte den Preis an Christophe Count d'Ansembourg aus Belgien für den beeindruckenden Klang seines Porsche 917 K aus dem Jahr 1970. Da sollte man in Affalterbach mal anfragen, ob es nicht auch etwas mit Stern gibt …

54 Neue Mercedes-Witze erfinden

Wie bitte? Sie kennen gar keinen? Hier eine kleine Auswahl:

- Mercedes will die A-Klasse jetzt tieferlegen. Dann kann man in Zukunft unter einem Elch hindurchfahren.
- Was sind gemischte Gefühle? Wenn Deine Schwiegermutter in Deinem neuen Mercedes rückwärts auf eine Klippe zufährt.
- Ein Schwabe kommt ins Pfandhaus und möchte einen Kredit über 100 Euro aufnehmen. Als Pfand bietet er seinen Mercedes. Dem Pfandleiher kommt die Sache zwar etwas seltsam vor, er sagt dem Schwaben aber, er solle sein Auto in die Lagerhalle fahren. Einen Monat später möchte der Schwabe sein Pfand auslösen. „Das macht 100 Euro und 5 Euro Zinsen", sagt der Pfandleiher, „verraten Sie mir jetzt den Sinn der ganzen Aktion?" Sagt der Schwabe: „Ich war im Urlaub, und wo kann ich sonst für 5 Euro einen Monat lang parken?"

So, und jetzt Sie!

Mit einem G-Modell die Rallye Dakar mitfahren

55

Die Rallye Dakar (früher: Rallye Paris-Dakar) gilt als die bedeutendste Marathonrallye der Welt. Sie wurde von 1978 bis 2007 einmal jährlich hauptsächlich auf dem afrikanischen Kontinent ausgetragen. Nach der Absage wegen Terrordrohung 2008, fand der Wüstenklassiker von 2009 bis 2019 aus Sicherheitsgründen in Südamerika statt. Seit 2020 findet die Rallye in Saudi-Arabien statt.

Schnapsidee? Von wegen. Tatsächlich sind wir nicht die ersten, die darauf kommen. Es war die Firma mit dem Stern höchstselbst, die den knallharten Offroader zur einst härtesten Offroad-Rallye der Welt sendete, die damals noch Rallye Paris-Dakar hieß und damit die Strecke auch ziemlich genau beschrieb. Zur sechsten Auflage 1983 ließ Mercedes Jackie Ickx ans Steuer eines 280 GE und setzte den Schauspieler Claude Brasseur auf den Copilotenplatz. Das Ergebnis: Gesamtsieg. 1988 startete Clay Regazzoni im G 600 TE Dakar Racer, der erste G mit V8-Motor - fünf Jahre bevor Mercedes selbst einen Achtzylinder in den Offroader einbaute (500 GE und 500 GE 6.0 AMG). Heute stehen G-Modelle zur Verfügung, die mit AMG-Paket bis zu 240 km/h fahren. Zumindest auf Asphalt ...

Der Siegerwagen (kleines Bild) von damals gilt übrigens als verschollen, der hier gezeigte Mercedes-Benz 280 GE, Kastenwagen-Einzelanfertigung, Baureihe 460 ist der von Mercedes-Benz autorisierte Nachbau auf der Basis eines originalen 280 GE von 1982. Die Karosserie ist im Windkanal optimiert worden und außerdem dank einiger Aluminiumteile leichter als in der Großserie. Das leistungsgesteigerte Triebwerk liefert 162 kW/220 PS.

56 Das Gottlieb-Daimler-Geburtshaus besuchen

Wer Daimler fährt, muss hierhin pilgern: Höllgasse 7 in 73614 Schorndorf. Hier wurde am 17. März 1834 der Mann über einer Back- und Weinstube geboren, der dieses idyllische Städtchen einmal weltweit bekannt machen sollte - Gottlieb Daimler. Hier verbrachte er mit seinen drei Brüdern seine Kindheit. Das Geburtshaus wurde 1979 von der damaligen Daimler-Benz AG gekauft und restauriert. Bis auf kleine Änderungen im hinteren Teil entspricht die heutige Raumaufteilung der der Ursprungszeit. Die Ausstellung umfasst eine Sammlung von Exponaten, Modellen und Dokumenten aus der Schaffenszeit des Mobilitätspioniers. Wenn die Zeit noch ausreicht, dann lohnt auch ein Abstecher zur Gottlieb-Daimler-Gedächtnisstätte in Stuttgart-Bad Cannstatt mit der rekonstruierten Versuchswerkstatt (kleines Bild).

Zur Geburtsstätte von Carl Benz pilgern

57

Jetzt mögen manche einwerfen, man wisse gar nicht, wo Carl Benz am 25. November 1844 geboren wurde. Stimmte einst - zumindest war das für lange Zeit ein Rätsel. Neueste historische Erkenntnisse gehen davon aus, dass der Erfinder des Automobils in einem Gasthaus in der Rheinstraße 22 des Karlsruher Stadtteils Mühlburg geboren wurde. Das Haus existiert allerdings nicht mehr. Es wurde in den 1950er Jahren zugunsten einer Verbreiterung der Rheinstraße abgerissen. Die Vermutung: Die Taufzeugen waren der Schuhmachermeister Karl Axtmann und der Gastwirt und Bierbrauer Michael Kramer. Axtmann war ein Verwandter, denn die Urgroßmutter von Carl Benz väterlicherseits war eine geborene Axtmann. Man geht davon aus, dass Axtmann der hochschwangeren Josephine Vaillant das Quartier im Michael Kramer gehörenden Gasthaus mit der Adresse Rheinstraße 22 verschaffte. Da damals Hausgeburten üblich waren, liegt der Schluss nahe, dass Carl Benz dort geboren wurde. Josephine und Johann Georg Benz zogen nach der Hochzeit mit ihrem Kind nach Karlsruhe in die Erbprinzenstraße 13. Zumindest die Straße gibt es heute noch.

58 Möglichst viele Filme anschauen, in denen ein Mercedes eine Rolle spielt – natürlich standesgemäß im Autokino

Das Vergleichsportal Carwow hat dazu in den Filmdatenbanken IMDB und IMCDB geforscht und herausgefunden, dass Mercedes in Filmen ganz besonders häufig gefahren wird, besonders eine S-Klasse. Da wären zum Beispiel „James Bond - Der Morgen stirbt nie", „Stirb Langsam 3", „Der Dolmetscher" und „John Wick: Kapitel 3". „Im Geheimdienst Ihrer Majestät" von 1969 chauffiert ein Mercedes-Benz 600 (W 100) den Super-Schurken Blofeld. In „Transporter" (2002) spielt ein 1991er Mercedes-Benz SEL (W 140) eine entscheidende Rolle. Im ersten Film der „Hangover"-Reihe muss ein 1965er Mercedes-Benz 220 SE Cabriolet leiden - während der Dreharbeiten wurden insgesamt fünf Autos zu Schrott gefahren, glücklicherweise konnten jedoch zwei Cabriolets den Dreh überstehen. In „Bridget Jones - Schokolade zum Frühstück" von 2001 wird Renée Zellweger von Hugh Grant im 1969er Mercedes-Benz 280 SE Cabriolet (W 111) abgeholt. Im dritten Transformer-Film taucht ein Mercedes-AMG SLS auf, im Sequel „The Last Knight" kann sich die Figur „Drift" in einen Mercedes-Benz AMG GT R verwandeln. Laut IMDB/IMCDB hat die S-Klasse in Filmen 758 Auftritte, die E-Klasse 307, der Mercedes 280 263 und der 200er 189.

Der Liebsten einen Stern schenken

59

Logo – aber wenn ein Mercedes dann doch zu profan ist, kann man auch einen echten Stern verschenken. Auch wenn es ein symbolisches Geschenk ist, handelt es sich um einen echten Stern, dem Sie einen Namen Ihrer Wahl geben können. Nach der „Taufe“ wird dieser Stern in das offizielle Sternregister eingetragen, Sie erhalten eine Urkunde mit Informationen, wie die genauen Koordinaten lauten. Unterschiedliche Anbieter bieten online die Möglichkeit einer Sterntaufe. Es gibt verschiedene Pakete, bei denen nach der Menge an Zubehör wie Sternkarten und sonstigem Zusatzmaterial und der Qualität des getauften Sterns unterschieden wird. Besonders helle und gut sichtbare Sterne sowie Sterne, die Teil eines Sternbilds sind, sind etwas teurer als ein gewöhnlicher Stern. Erfreulicherweise ist so ein Sternengeschenk inklusive Registereintrag mit Preisen zwischen 30 und 200 Euro deutlich günstiger als jeder Mercedes.

60 Den Motorbootführerschein machen

Denn dann kann man auch mal den allerstärksten aller Mercedes-AMG pilotieren, die 41‘ Nighthawk AMG Black Series Edition Powerboat. Sie ist das 13. Projekt, das Juni 2021 von Mercedes-AMG in Zusammenarbeit mit den Performance-Boot-Spezialisten von Cigarette Racing umgesetzt wird. Mit der auffälligen Farbgebung in Magmabeam-Orange und Schwarz nimmt das von Mercedes-Chefdesigner Gorden Wagener gezeichnete Boot optisch Anleihen am AMG-Supercar GT Black Series, hat allerdings mehr als dreimal so viel Leistung: Fünf Mercury Racing 450R 4,6-Liter-V8-Triebwerke leisten zusammen 2250 PS. Das reicht auf dem Wasser für ein Top-Tempo von 144 km/h. Die Nighthawk „begeistert mit äußerst spontaner und direkter Leistungsentfaltung, kombiniert mit ikonischem Design, einer luxuriösen Ausstattung und einer Exklusivität, wie sie kein anderes Powerboat im Segment bietet.“ Für geschätzt 1 Million Euro ein absolut angemessener Gegenwert. Wer lieber auf dem Boden bleiben möchte: Ein Exemplar des inzwischen eingestellten Mercedes-AMG GT Black Series startet damals bei rund 340.000 Euro.

AMG
AMG
2018
AMG
2019
2020
AMG

61

Probefahrt mit dem Vision One-Eleven vereinbaren

One-Eleven? Da war doch was? Stimmt, der C 111 aus Anfang der 1970er Jahre! Die an den legendären 300 SL angelehnte Studienreihe von rund 20 Fahrzeugen beflügelte damals die Phantasie der Entwickler, Designer und Kunden. Im Jahr 2023 zollt die Marke dem futuristischen Technologieträger von einst Tribut: Die Formgebung ist radikal, zeitlos und provozierend, Design und Interieur (mit stehenden Pedalen) erinnern an die Sportwagenästhetik der Siebziger. Anders als beim historischen C 111 sorgten aber weder ein Wankel, Diesel oder V8 (kleines Bild) für den Vortrieb des Kohlefaser-Boliden, sondern zukunftsorientierte und optimierte Elektromotoren. Chefdesigner Gorden Wagener erklärt, dass sich in diesem Modell „Schönheit und das Außergewöhnliche zu einer Zukunftsvision verbinden". Da sollte man mit häufigen Anfragen beim Händler signalisieren, dass es in der Kundschaft durchaus ernsthaftes Interesse gibt. Ansonsten direkt beim Chef anrufen! Also ran ans Telefon …

Eine Runde auf einem Mercedes-Versuchsgelände drehen

62

Zum Beispiel im emsländischen Papenburg. Was alleine schon wegen des zur Verfügung stehenden Platzes – etwa 800 Hektar – Spaß macht. Außerdem gibt es (bald) einen Windpark mit Windrädern, die man bestimmt geschickt umkurven kann, zumindest mit einer G-Klasse.

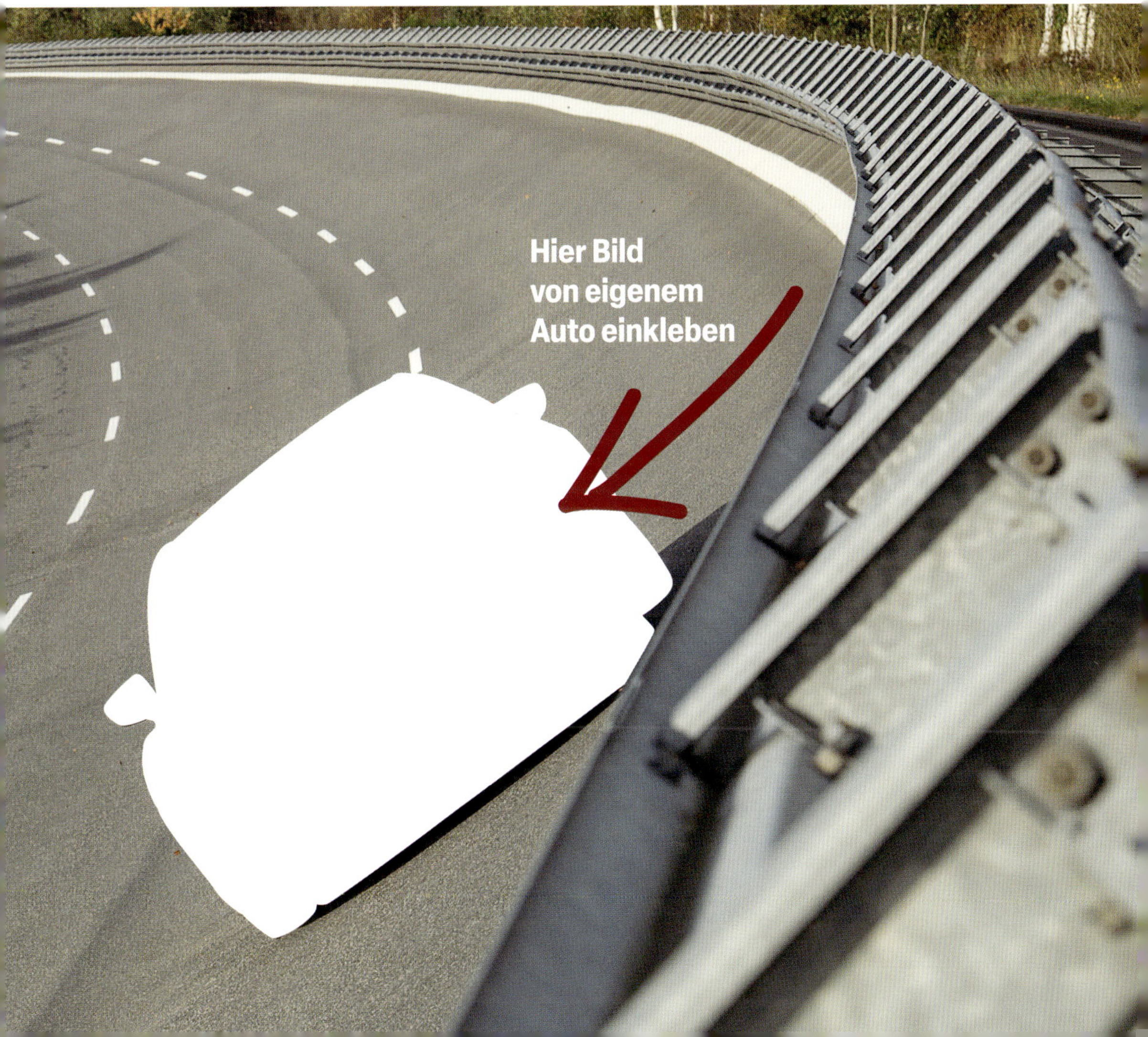

63

Den Plot für einen neuen Werbespot schreiben

Witzig, manchmal auch bissig, informativ, aufwändig, unterhaltsam – und auf jeden Fall kreativ: Alte Automobilwerbungen aus den 1980er und 1990er Jahren sind im Internet der Renner. Eine der besten TV-Werbungen ever zeigt, was auf schmerzhafte Weise passieren kann, wenn man schlecht über seinen Benz redet – hier die Geschichte in Kürze: Eine Frau wartet und wartet und wartet und wird sauer. Da kommt der Mann nach Hause: „Es tut mir leid, aber ich hatte eine Panne.“ Daraufhin sie: „Mit einem Mercedes ...“ – es folgt die schallende Ohrfeige und die geschriebene Information: „Laut ADAC-Pannenstatistik hat ein Mercedes erst nach über 1 Million Kilometer eine Panne. Lassen Sie sich was Besseres einfallen.“

Für alle, die noch mehr Inspiration suchen:

Aktien der Mercedes-Benz Group kaufen

64

Wer seine Marke liebt, der gibt - und zwar Geld, um Aktien zu kaufen. Nach einem Tiefpunkt im Frühling 2020 stieg der Wert bis Anfang 2022 kontinuierlich und erholt sich gerade wieder nach einer Delle Ende 2022. Fragen Sie Ihren Vermögensberater!

65 Einen Mercedes die Strecke von Goodwood hinaufjagen

Das Festival of Speed gehört neben dem Goodwood Revival nicht nur zu den schönsten Benzinevents in England, sondern weltweit - weiß der Geier, wie der adlige Charles Gordon-Lennox, bekannt als „Lord of Speed", das hingekriegt hat. Geholfen haben ihm unter anderem der Besitz einer Rundstrecke, eines Flugplatzes und einer 1,8 Kilometer kurzen Bergrennstrecke, die zufällig die Zufahrt zu seinem Landsitz beinhaltet. Das Festival of Speed (FoS) kumuliert zu einem Edel-Event, wo sich niemand darüber aufregt, wenn der Edelmann von Welt aufgrund fast minütlich startender Hypercars dieser Welt gleichzeitig den Vorteilen des Veuve Clicquot zuspricht, bis er leicht benebelt in seinem feinsten Zwirn unter dem VIP-Tisch beim Sponsor in ein Champagnernickerchen verfällt. Wer vor so erlauchtem Publikum dann einen Mercedes die Bergrennstrecke hochjagen darf, hat es geschafft!

Mit einem Mercedes auf den Acker fahren

„Klar, mit dem Unimog“, werden jetzt viele sagen, und das liegt ja nah. Aber wir meinen hier einen richtigen Traktor. Denn Mercedes hatte auch so ein Gerät mal im Angebot: Nachdem sich der ab Juli 1973 im Daimler-Benz-Werk Gaggenau in Serie gefertigte MB-trac 65/70 am Markt durchgesetzt hatte und Daimler-Benz in der Zulassungsstatistik im Jahr 1974 unangefochten den ersten Platz bei Allradschleppern in der Leistungsklasse von 51 bis 70 PS sicherte, gab der Vorstand grünes Licht: Weiterentwicklung des Grundmodells zu einer Fahrzeugfamilie. Nach wie vor sollten möglichst viele Baukomponenten aus dem Unimog-Programm verwendet werden. Ab 1975 kam als Erstes das Nachfolgemodell MB-trac 700 auf den Markt. Die Typenbezeichnung gab jetzt die mit dem Faktor 10 multiplizierte, gerundete PS-Zahl an.

Bis 1991 gab es insgesamt 21 Modelle/Ausführungen in drei Kategorien: Leichte Klasse (ab 1972, Baureihe 440), Mittlere Klasse (ab 1982, Baureihe 441) und Schwere Klasse (ab 1976, Baureihen 442 und 443). Die Leistungsentfaltung reichte von 65 bis 180 PS.

Viele der über 41.000 gebauten Exemplare sind übrigens immer noch im Einsatz und werden zu durchaus fairen Preisen gehandelt. Gute Wertanlage: Der 180 PS starke MB-trac 1800 intercooler, der nur 190 mal gebaut wurde.

67 Beim 24h-Rennen auf dem Nürburgring bei einem Rennteam als Mechaniker schrauben

Wie könnte man die Höhen und Tiefen bei dieser Kultveranstaltung besser erleben? „Zwei Mal rund um die Uhr durch die grüne Hölle“ lautet der von Reportern wohl meistverwendete Satz – und der könnte kaum wahrer sein. Dramen und Schicksale, Glück und Pech, Teamgeist und Zusammenhalt, Zuschauermassen und Wetterextreme und das alles gepaart mit den Anforderungen einer der schwierigsten und materialmordensten Rennstrecken der Welt.

Die Siegerstatistik des seit 1970 ausgetragenen Langstreckenrennens wird dominiert von BMW (20) und Porsche (13). Lediglich 2013 und 2016 fuhren die Sieger einen Mercedes. Also, Bewerbungsunterlagen fertig machen und bei den Teams abgeben.

68 ☐ Alle Baureihennummern im Kopf haben

Für die Kommunikation unter Marken-Fans unerlässlich: die Baureihennummern. Was sich hinter W 123, W 124 oder W 126 verbirgt, wissen sicher die meisten. Aber was ist mit dem W 02 von 1926? Oder wie sieht der X 204 aus? Sind Sie bereit fürs Auswendiglernen der unmissverständlichen Erkennungszeichen?

Auswendig lernen!!!

ERKENNUNGSZEICHEN

W = Wagen (Limousine), früher auch Coupé, Kombi oder Roadster
S = Stationwagen (Kombi)
R = Roadster
C = Coupé
A = Cabriolet
V = Verlängerte Limousine
F = Fahrgestell
VF = Verlängertes Fahrgestell
VV = Pullman-Limousine
CL = Coupé Leicht
X = Geländewagen, SUV
T = Tourer

Einen Mercedes-Benz CLK DTM AMG für die eigene Sammlung ergattern

69

Was gibt es Aufregenderes als ein besonderes Schmuckstück in der Sammlung zu haben? Wir hätten da eine Idee: Das Sondermodell Mercedes-Benz CLK DTM AMG aus dem Jahr 2004. Die auf 100 Exemplare limitierte Kleinserie entstand anlässlich der Erfolge in der DTM-Saison 2003 bei AMG und konnte zu einem Grundpreis von 236.060 Euro bestellt werden. Technisch basierte der Wagen auf dem C 209, angereichert mit einigen optischen Anleihen an den Rennwagen. Für alle Frischluftfans: Ein Jahr später gab es noch eine Cabrio-Version (A 209), bei der ebenfalls nur 100 Käufer glücklich gemacht werden konnten.

70 Seine Tochter Mercedes nennen

Das hätte zumindest eine große, alte Tradition, denn Emil Jellinek, österreich-ungarischer Geschäftsmann, Diplomat und Rennfahrer, nannte sein Renn-Pseudonym „Monsieur Mercedes“ nach seiner Tochter Mercédès Adrienne Manuela Ramona. Im April 1900 wurde „Mercedes“ zur Produktbezeichnung für eine neue, von Jellinek angeregte Fahrwerks- und Motorkonstruktion, die den Namen „Daimler-Mercedes“ trug.
Falls die Kinder bereits aus dem Haus sind: Es freuen sich diverse Haustierrassen über passende Namen. Auch wenn Mercedes-Starpilot und Rekordweltmeister Lewis Hamilton seinen Vierbeiner lieber „Roscoe“ getauft hat …

Eine Werksbesichtigung machen

71

Das ist ja wohl das Mindeste, wenn man echter Fan der Marke ist! Außerdem ist Sindelfingen - egal, von wo man anreist - ja fast Mittelpunkt der Welt. Es gibt zwar auch „Digitale Entdeckungstouren", aber da sind wir altmodisch: Nichts geht über das echte Erleben. Wer den Weg nach Stuttgart nicht auf sich nehmen möchte, hat noch Chancen in Rastatt oder Bremen (kleines Bild).

72

Den größten Motorsporterfolg der Marke nachfahren

20?? 20??
MILLE MIGLIA

Welcher das ist? Wir behaupten: Die Wahnsinnsfahrt und der Sieg bei der Mille Miglia 1955 mit Stirling Moss am Steuer des 300 SLR mit der Startnummer 722 und Denis Jenkinson als Copilot. Das Duo Moss/Jenkinson gewinnt am 1. Mai jenes Jahres mit einem neuen Streckenrekord und einer Durchschnittsgeschwindigkeit von 157,6 km/h vor Juan Manuel Fangio, der das strapaziöse Straßenrennen allein bewältigt.
Es gibt viele Möglichkeiten, das Feeling des legendären 1000-Meilen-Rennen Brescia-Rom-Brescia zu erleben: Man leiht sich einen Mercedes SLR 722 (oder besser: man nutzt den eigenen) und fährt die Tour nach. Oder man fährt die heutige Mille Miglia mit einem passenden Auto mit. Aber Achtung: Legendär ist die Passage, als Moss unter einer geschlossenen Schranke hindurchrast. Falls Sie das auch ausprobieren wollen, sollte Ihr Renner extrem flach sein …

1000 MIGLIA
Mille Miglia 2016
BRESCIA ROMA BRESCIA
19-22 MAGGIO | MAY
1° TAPPA | 1st LEG - 19/05/2016
BRESCIA 14:30
RIMINI 21:30
2° TAPPA | 2nd LEG - 20/05/2016
RIMINI 08:15
ROMA 21:10
3° TAPPA | 3rd LEG - 21/05/2016
ROMA 06:30
PARMA 20:45
4° TAPPA | 4th LEG - 22/05/2016
PARMA 07:00
BRESCIA Sfilata 14:30
BRESCIA
Gussago / 14:00
BERGAMO / 11:20
CHIARI
MONZA / 10:20
LODI / 09:20
CREMONA / 08:20
COLORNO
DESENZANO D/G
SIRMIONE
PESCHIERA D/G / 15:30
VALEGGIO SUL MINCIO
Parco Giardino Sigurtà
FERRARA / 18:40
PARMA
REGGIO EMILIA / 19:45
MODENA
ANZOLA / 18:35
BOLOGNA / 18:10
RAVENNA / 20:10
P.so Raticosa
P.so della Futa
RIMINI
Repubblica di
SAN MARINO / 08:45
SENIGALLIA / 11:40
FIRENZE / 15:00
POGGIBONSI / 13:35
SIENA / 12:20
BUONCONVENTO
RADICOFANI / 10:10
VITERBO / 08:40
RONCIGLIONE
LORETO
RECANATI
MACERATA / 14:10
CIVITANOVA MARCHE
FERMO / 15:30
ACQUASANTA
S. BENEDETTO
DEL TRONTO / 16:50
ANTRODOCO
RIETI / 19:40
ROMA
STATO DELLA
CITTÀ DEL VATICANO
S TS 246

73 Mit seinem Mercedes die bestehende Kilometerrekordmarke knacken

Die hält wohl bislang und schon seit langem der griechische Taxifahrer Gregorios Sachinides. Der kaufte 1981 einen Strichachter als 200 D mit 210.000 Kilometern auf der Uhr. 23 Jahre später hatte der Mercedes 4,6 Millionen Kilometer abgespult - allerdings mit zwei Austauschmotoren, elf Mal wurden die Motoren überholt. Wir sind gespannt, ob so etwas mit künftigen Elektro-„Merci" auch möglich sein wird …

74

Seinen Lieblings-Mercedes in die Wohnung holen

Idee aus „Praxishandbuch Motormöbel“

Idee aus „Praxishandbuch Motormöbel“

Nein, nicht das ganze Auto, sondern nur die Front, das Heck oder Ähnliches. Und dann natürlich mit Sinn und Verstand. Da hilft Martin Schlund, Autonarr und Möbeldesigner (www.automoebeldesign.de). Der macht aus (Karosserie-)Teilen Möbel aller Art. So bietet er zum Beispiel W 108, W 109, W 123, W 114 und W 110 an, um daraus ein Sessel, Sofa, Sideboard, Schreibtisch, Bett, Bar oder sogar Billardtische zu machen. Keine Sorge: Basis sind stets unrettbare Schrottautos.

75 Seinen Mercedes tunen lassen

AMG macht das werksmäßig schon ganz gut, aber es ist eben nicht jedermanns Geschmack. Dafür gibt es dann noch renommierte Tuner wie zum Beispiel Carlsson, Väth, Kunzmann und natürlich Brabus. Letztere verpassen diversen Mercedes-Modellen außer technischen und optischen Anpassungen zurzeit auch bis zu 930 PS. Sollte für einen „Daily" absolut ausreichen.

Fahrsicherheitstraining bei einem Mercedes-Profi absolvieren

76

Eines vorweg: Ein Fahrsicherheitstraining sollte jeder schon gemacht haben, der wissen will, was in Grenzsituationen mit dem Auto und dem Fahrer passiert. Die verschärfte Form ist ein Fahrsicherheitstraining im und mit Mercedes. Zu toppen ist das nur, wenn man sich seinen Instruktor aussuchen kann. Zum Beispiel einen Profi wie Maro Engel. Wenn man mit ihm oder den anderen MB-Profis unterwegs ist, vergehen einem Hören und Sehen. Dafür werden Nerven und das Popometer geschärft …

77 Sich seinen Benz als Modellauto auf den Schreibtisch oder in die Vitrine stellen

Es gibt viele Anbieter von Mercedes-Modellautos – der Hersteller selbst gehört auch dazu. In den sechs Kategorien Cars & Vans, Old- & Youngtimer, Trucks & Bus, AMG, Motorsport und Spielmodelle wird vermutlich jeder fündig, selbstverständlich in den verschiedensten Maßstäben. Zudem kann man wählen zwischen den Fertigmodellen aus Metall (Diecast-Modelle) oder seit einigen Jahren sehr erfolgreich aus Resin (Kunststoffe). Dabei haben sich die Hersteller längst nicht nur auf die aktuelle Modellpalette spezialisiert. Zunehmend werden die Klassiker aus den 1970er bis 1990er Jahren als Miniaturen angeboten. Die beiden populärsten Größen sind 1:43 und 1:18, die Preise liegen zwischen 50 und 150 Euro (limitierte Serien gerne auch deutlich mehr). Günstiger und aufwändiger sind da Plastikbausätze (z.B. Tamiya, Revell), aber vorsichtig – das ist nichts für Ungeduldige oder Grobmotoriker! Vorteil: In beiden Fällen kann man – wie beim Original – seinem Verlangen nach Individualisierung freien Lauf lassen: Von Kennzeichen über Felgen bis hin zu Body-Kits, Spoilern und LED-Beleuchtung reicht das Angebot. Und das Schöne: Alles viel billiger als beim Original und alles ohne TÜV-Probleme.

Neue Mercedes-Accessoires erfinden

78

Gibt es schon!

Wie es sich für eine Weltfirma gehört, bietet Mercedes eine Menge Gadgets und Lifestyle-Produkte neben den Autos an. Da ist aber noch Platz für Verbesserungen: So gibt es zum Beispiel das Lifestyle-Untermenü „Home & Living“ und hier wiederum die Kategorie „Hunde-Accessoires“, aber sie ist – zumindest bei Redaktionsschluss – leer. Hundebesitzern fällt da natürlich sofort ein Maulkorb mit Mercedes-Stern vorne ein, Leckerchen in Sternenform oder Hundekotbeutel namens Bullshit-Castle. Haben Sie andere Ideen?

79

Eine Frau* finden, die einen versteht

* Im Sinne der Gendergerechtigkeit darf dieser Punkt selbstverständlich individuell der persönlichen Lebenssituation angepasst werden.

Zum Beispiel eine, die nicht gleich ausrastet, wenn statt ihrer der Benz gestreichelt wird; eine, die Benzingespräche akzeptiert, ohne dass sie in böser Absicht das Bier ihres Göttergatten zeitgleich mit Super Plus versetzt; eine, die Zahnbürstenarbeit in Karosseriespalten nicht als Grund für die Einlieferung in die geschlossene Anstalt begreift; eine, die schnell durchfahrene Kurven lieber mag als langsam gereiften Schimmelkäse; eine, die weiß, dass C-Klasse nicht das „Drittbeste" bedeutet; eine, die weiß, dass mit der „Roten Sau" oder „The Hammer" kein Nachbar oder anderer Verkehrsteilnehmer gemeint ist, sondern Ikonen aus der AMG-Geschichte ...

Eine Spotify-Liste für seinen besonders starken Mercedes erstellen

80

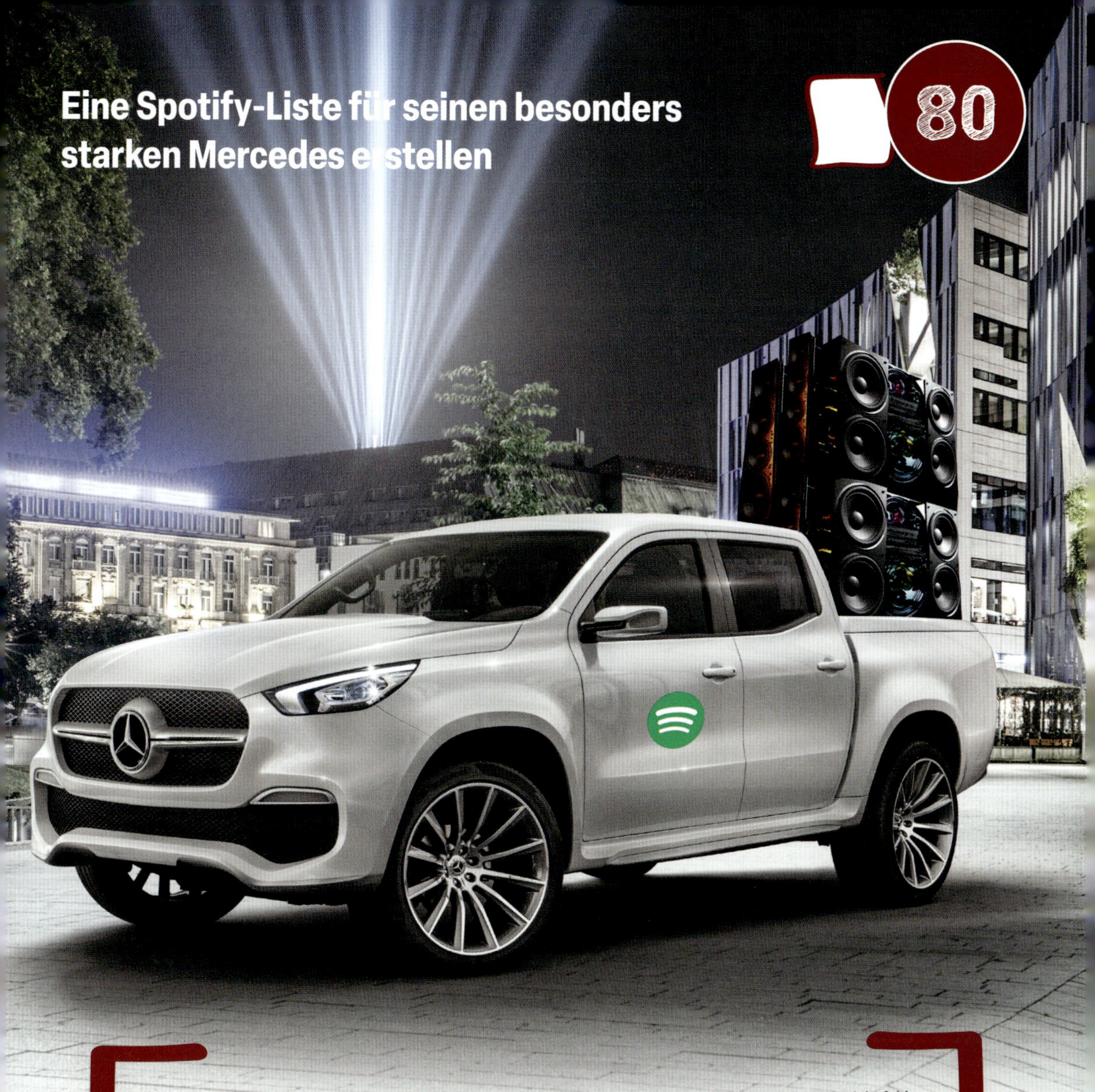

Power unter der Haube, Power aus den Speakern: Wir beginnen mal mit „I got the Power“ von Snap!, sämtliche Songs von „Tower of Power“ (mit der exaktesten und besten Bläser-Section), „The Power of Love“ (Jennifer Rush), „The Power oft he Moon“ (Deep Purple), die Songs der Band Freakpower, „Power“ von The Motet, „'Til they cut the Power“ von Mo'Blow und so weiter. Ein Hit, der selbstverständlich nicht fehlen darf: „Oh Lord Won't You Buy Me A Mercedes Benz“ von der US-amerikanischen Rock- und Bluessängerin und Flower-Power-Ikone Janis Joplin.

Weitere Inspiration liefert

81 Sich nach einer Panne ins Entwicklungszentrum in Sindelfingen schleppen lassen und fragen, wie sowas passieren kann

„Das Beste oder Nichts", so lautet einer der bekanntesten Werbesprüche. Allerdings: Manchmal machen Menschen Fehler, manchmal Maschinen - auch ein Mercedes-Produkt kann mal streiken, weswegen auch immer. Mit dem richtigen Schutzbrief kann man seinen Schatz zur Wunschwerkstatt bringen lassen. Warum also nicht nach Sindelfingen zur Group Research & MBC Development? Angekommen in der Bela-Barenyi-Straße ist das größte Problem, den Mitarbeiter des Werkschutzes von der Richtigkeit des Vorhabens zu überzeugen. Da der aber nicht beantworten kann, wie so eine Panne passieren kann, müsste er Sie ja eigentlich durchlassen ...

Eine Erlkönig-Mitfahrt organisieren

Wer kennt sie nicht? Die mit psychedelischen Mustern getarnten Testwagen auf Erprobungsfahrten, mit denen die Automobilhersteller die Modelle der nächsten Generation entwickeln. Die größten Chancen, ein solches - in der Regel recht scheues - Exemplar zu finden, ist natürlich der Nürburgring. Im nahegelegenen Meuspath sind verschiedene Werke und Zulieferer ansässig, von wo aus die Testfahrer und Ingenieure Richtung Nordschleifenzufahrt starten. Einfach auf die Lauer legen und höflich fragen, ob man mal mitfahren darf. Spätestens an der (Kult-)Tankstelle Döttinger Höhe von Pächter und Nürburgring-Urgestein Hans-Joachim Retterath trifft man sich beim Mittagessen oder Nachtanken ...

83 Einen Scheunenfund machen

Ok, dazu muss man stets neugierig sein und hinter alte Verschläge, durch brüchige Holztüren oder unter unappetitliche Planen schauen. Findet man einen BMW, VW oder Audi, kann man den Fund ja ignorieren. Ist es aber ein Mercedes, wäre das ein denkwürdiger Tag. Es muss ja nicht gleich ein Alu-300 SL (von dem nur 29 Stück gebaut wurden) sein, ein 600er oder ein 450 SEL 6.9. Schon ein 180 D oder W 123 kann erfreuen. Einen ollen Smart allerdings würden wir auch dem (langwierigen) Verfall anheimgeben …

Berühmte alte Werksfotos und Werbemotive mit neuen Autos nachstellen

84

Da man an die alten Autos kaum herankommt, kann man berühmte Werbemotive durchaus neu interpretieren. Unsere Vorschläge für passende Vorlagen: „Die Frau in Rot“ (1929), „Der Wagen der großen Klasse“ von 1928 sowie „Mein Benz“ von 1923. Und auch Werksfotos besitzen ganz besonderen zeitgenössischen Charme. Das Schöne: Die Locations gibt es auch noch. Neben den zahlreichen Obstwiesen im Stuttgarter Umland ist natürlich auch die Weissenhofsiedlung und das Haus Le Corbusier erhalten. Le Corbusier war neben Walter Gropius und Hans Scharoun einer von 17 Architekten, die unter der künstlerischen Leitung von Ludwig Mies van der Rohe 1927 in der Werkbundausstellung „Die Wohnung“ Ideen für ein „Neues Wohnen“ im Hinblick auf Wirtschaftlichkeit, Funktionalität, Konstruktion, technische Ausstattung und Möblierung präsentierten. Mit der Weissenhofsiedlung wurde ein mustergültiges Wohnprogramm für den modernen Großstadtmenschen geschaffen. Von den 33 errichteten Häusern sind heute noch dreiundzwanzig erhalten.

85 Sein Wunschkennzeichen sichern

Zugegeben, es ist eher eine leichte Aufgabe, aber auch sie sollte einmal erledigt werden. Ob es die persönlichen Initialen in Kombination mit dem Geburtsjahr sind, einstellige Nummer oder dann doch lieber die Baureihe, das bleibt jedem selbst überlassen. Ganz wichtig: Bei einem eventuellen Verkauf des Fahrzeugs auf jeden Fall die Schilder als Andenken behalten …

Mit Klaus Ludwig oder Roland Asch über die goldene Zeit des MB-Tourenwagensports sprechen

86

Das begann ungefähr 1989. Da traten Autos gegeneinander an, die wie welche aussahen. Der Fan konnte sich noch mit seiner Marke identifizieren, zum Beispiel mit dem (auch für die Straße käuflichen) Mercedes 190E 2.5-16 EVO und EVO II im Jahr 1990. Und der Sport hat damals so charismatische Fahrer hervorgebracht wie Kurt Thiim, Bernd Schneider und Jörg van Ommen. Ein Abend mit jemandem, der damals dabei war, dürfte so lehrreich wie unterhaltsam sein.

87 Nachts im Museum wandeln

Könnte es sein, dass die wunderbaren Museumsstücke in der Mercedesstraße 100 in 70372 Stuttgart nachts von ihren Erlebnissen erzählen? Wer weiß - also sich am besten mal abends im Museum einschließen lassen und lauschen. Hier stehen auf neun Ebenen mit einer Gesamtfläche von 16.500 Quadratmetern atemberaubende Fahrzeuge und mehr als 1500 Exponate. Aber bitte Finger weg von den Preziosen! Achja, bei Tage können die Besucher bei einem gut zweistündigen Weg durch das Museum eine einzigartige Zeitreise durch die über 135-jährige Automobilgeschichte erleben.
Und dabei ist das Gebäude an sich schon ein Highlight: Nach nur zweieinhalbjähriger Bauzeit (September 2003 bis April 2006) eröffnete am 19. Mai 2006 das neue Mercedes-Benz Museum. Das Bauwerk mit seiner beeindruckenden Modernität stammt vom UNStudio van Berkel und Bos, Amsterdam: Die Architektur veranschaulicht das Erbgut der Marke. „Das Gebäude ist im Inneren der DNA-Spirale mit ihrer Doppelhelix nachempfunden, die das menschliche Erbgut trägt. Damit ist es dem Originalitätsgedanken der Marke Mercedes-Benz verpflichtet, immer wieder völlig neue Dinge für die Mobilität der Menschen zu schaffen - von der Erfindung des Automobils bis zur zukunftsweisenden Vision des unfallfreien Fahrens.", so erklärt der Hausherr sein einzigartiges Museumskonzept.

Museum

88 Im Daimler Chor Stuttgart mitsingen

Den gibt es tatsächlich seit 1990, gegründet unter dem Namen Mercedes-Benz Chor Untertürkheim. Etwa 55 aktive Sängerinnen und Sänger erfüllen den Chor heute unter der musikalischen Leitung von Lena Samel mit Leben. Das sind Mitarbeiterinnen und Mitarbeiter aus der Belegschaft der Mercedes-Benz AG und Daimler Truck AG sowie externe Chormitglieder – also Sie, oder? Das musikalische Spektrum des Chors reicht von klassischen sowie modernen geistlichen Werken, über Pop- und Rockmusik, Evergreens, Gospels, Spirituals, Musical-Melodien und Operetten-/Opernchöre. Als Bewerbungssong schlagen wir vor: „Unter fremden Sternen" (Freddy Quinn, 1960), „Sterne der Prärie" (Lolita, 1960), „Der Stern von Mykonos" (Katja Ebstein, 1973), „Sternenhimmel" (Hubert Kah, 1982), „Keine Sterne in Athen" (Stephan Remmler, 1986), „Mein Stern" (Ayman, 2000), „Ein Stern (der deinen Namen trägt)" (DJ Ötzi & Nik P., 2007) und „Vom selben Stern" (Ich & Ich, 2007). Sollten Sie nicht angenommen werden, gehen Sie einfach zu den Sternsingern. Die nehmen jeden und erfüllen dazu noch einen guten Zweck.

Vor dem Porsche-Museum burnouten

89

Die einen haben mit outen zu tun, die anderen mit burnouten – meistens macht letzteres mehr Spaß. Und so ein hinterradgetriebener Mercedes ist das ideale Werkzeug dazu. Was noch fehlt? Genau, der richtige Ort. Vorschlag: die Fläche vor dem Porsche-Museum. Nicht etwa, weil Porsche die schlechteren Autos baut, sondern nur deshalb, weil sich neckt, was um Kunden buhlt.

90 Neue Kooperationspartner finden und coole Projekte an den Start bringen

Kooperationen mit bekannten Firmen aus anderen Branchen sind ja nicht außergewöhnlich. Besonderen Reiz haben dabei die Größen aus der Modewelt. Zuletzt sorgte das italienische Fashion-Label Moncler für Aufsehen und bei Mercedes-Hardcore-Fans sogar für einen Aufschrei: Die London Fashion Week diente als Bühne für ihre an eine Daunenjacke erinnernde G-Klasse. Das Projekt MONDOG wird von den Stuttgartern dann auch eher als Skulptur eingeordnet. Da fällt uns doch bestimmt etwas Besseres ein, oder?

Seinem Auto einen Namen geben

91

Der vierfache Formel-1-Weltmeister Vettel hat es vorgemacht, und auch Steven King hatte damit Erfolg: Ob nun Christine, Randy Mandy, Gina, Kinky Kylie oder Honey Ryder - Autos sind etwas ganz Persönliches. Am besten natürlich sollte die Taufe bei passender Gelegenheit stattfinden: Am Gib-Deinem-Auto-einen-Namen-Tag wäre so eine Gelegenheit. Also den 2. Oktober schon mal freihalten und bei Bedarf Einladungen fertig machen.
Nach einer Umfrage geben übrigens 60 Prozent der Männer ihrem Auto einen Kosenamen, während nur jede vierte Autobesitzerin dieser Tradition folgt. Die drei beliebtesten deutschen Namen sind:

„Dicke/r“ - „Baby“ - „Schorsch“

Das geht aber auch besser, oder? Wir tendieren zu Namen aus dem Schwäbischen: Bertha (bei S-Klasse liebevoll: dicke Bertha), Otto (V12), Kurt (W 201), Rudolf (240 D 3.0 W115) oder Manfred (CLK).

Hier selbst ausgesuchten Namen eintragen

92

Mit einem Mercedes in einem deutschen Offroad-Park bestehen

Märkischer Sand für das kleine Abenteuer mit dem Familien-Benz oder oberbayerischer Bruchstein für die ganz harten im G500 4hoch2: Deutsche Offroad-Parks können viel 4x4-Vergnügen bieten. Da wäre zum Beispiel das Offroad-Camp in Jänschwalde bei Berlin, ein ehemaliges NVA-Gelände mit Sandboden. Oder das Offroad-Camp Karenz in Mecklenburg-Vorpommern. Fursten Forest in Niedersachsen ist mit 400 Hektar Europas größter Offroad-Freizeitpark mit diversen Strecken. Im Offroadpark Peckfitz in Sachsen-Anhalt gibt's neben Gelände auch Dampfmaschinen, Oldtimer, Feuerwehr-Equipment und einen komplett eingerichteten Kolonialwarenladen zu entdecken. Der Freizeitpark Mammut in Stadtoldendorf ist eher für Schlamm- und Lehmfans geeignet. Die Härte aber wartet in Langenaltheim. Der ehemalige Steinbruch bietet Schlammlöcher, Geröll, Steinbrocken und extreme Hänge.

93

In einer T-Klasse übernachten

Nein, wir meinen hier kein T-Modell. Vielmehr ist die Rede von dem praktischen Hochdachkombi, der in Zusammenarbeit mit Renault entstanden ist, als Pkw-Version des Citan. Dabei könnte man jetzt dem W 420 unterstellen kein echtes Familienmitglied zu sein, aber erstens wurde die T-Klasse unter Führung der Stuttgarter konstruiert, anders als noch beim Citan. Und zweitens geht es hier um die veredelte Version des Familien- und Freizeit-Van: Der kleine 4,50-Meter-Camper ist mit maßgefertigten Modulen von - kein Witz - Brabus ausgestattet! Der Edelfahrzeughersteller aus Bottrop ist bekannt dafür, die eh schon nicht billigen Mercedes-Produkte in noch teurere, getunte Individual-Boliden zu verwandeln. Leider war zu Drucklegung noch kein Preis verfügbar, aber für eine erste Kosten-Nutzen-Rechnung: Die einfache T-Klasse (ohne Ausbau) steht in der Preisliste 2023 als Basisversion T160 mit 102 PS starkem Benziner und manuellem Getriebe für 32.737 Euro. Jetzt fehlt nur noch der „kleine" Aufschlag für den Betten- und Küchenbauer aus dem Ruhrgebiet.

94 Einen Mercedes mit Klemmbausteinen bauen

Da gibt es ein paar Möglichkeiten, zum Beispiel bei Lego: Mercedes-AMG GT3, F1-Renner und Mercedes-AMG Project ONE, Mercedes-AMG C63 DTM, 190 E 2.5 Evo II, Unimog U400, Zetros Offroad-Truck und Actros 3245.

Aber auch Mould King bietet etwas, zum Beispiel einen dreiachsigen MB G 700 6x6 als RC-Car mit Fernbedienung und 3686 Klemmbausteinen oder einen Mercedes 300 SL Flügeltürer, für den 886 Klemmbausteine ausreichen.

Mit Lewis Hamilton über die Zukunft der Formel 1 diskutieren

95

Der Mann hat nicht nur Power im Fuß, sondern auch Grips im Kopf. Er kennt die Szene in- und auswendig, und - wir sind uns sicher - er würde auch mal über das sprechen, was hinter all dem Glamour und der Power steckt. Das einzige Problem: ihn mal zu erwischen und zum Treffen überreden. Aber, unter uns: Ende Mai 2023 hat es ja auch ein Mann geschafft, dem offiziellen Konvoi unseres Bundeskanzlers Scholz bis aufs Rollfeld auf dem Flughafen zu folgen, um ihn dann zu umarmen. So schwer kann es also nicht sein ...

96 Nebenbei Geld verdienen durch Neuerschließung weiterer AMG-Geschäftsfelder

Die Affalterbacher machen es ja vor, wo sie Zusatzgeschäfte wittern. Zum Beispiel mit dem AMG GT-Kinderwagen, eine Kooperation mit dem Hersteller Hartan. Die serienmäßige Handbremse, der höhenverstellbare Schiebegriff, die Zentralarretierung und der 5-Punkt-Sicherheitsgurt mit Schulterpolstern und Magnetverschlüssen sorgen für maximale Sicherheit in jedem Gelände. Natürlich besitzt das Ding hochwertig veredelte Felgen im AMG-Kreuzspeichendesign sowie die in den AMG-Fahrzeugen verwendeten Sitzbezüge „Microfaser Dinamica". Selbstverständlich lässt sich der zusammengeklappte Kinderwagen problemlos im Kofferraum eines viertürigen AMG GT Coupés verstauen. Natürlich hat dieser Mini-AMG seinen Preis: Die Standardversion gibt es für 1100 Euro. Das muss einem der Nachwuchs aber auch Wert sein. Und wer ganz besonderen Eindruck bei der KITA hinterlassen will, entscheidet sich für die auf 299 Exemplare limitierte Version mit leuchtendem rot-schwarzen Farbschema im Jacquard-Stoff des Verdecks und einem Griff mit schwarzem Leder samt roter Nähte.
Als Zubehör erhältlich ist bereits eine Wickeltasche mit reflektierenden Fäden im AMG-Design. Das könnte man ausweiten auf AMG-Trinkflaschen mit Mundstück aus Auspuffendrohr-Titan, AMG-Windeln mit Einlage aus gebürstetem Aluminium und Abgas-Soundventilen oder klavierlackveredelte AMG-Schnuller.

Einen Benz als Schneepflug einsetzen

97

Gute alte Zeit: Als die Winter noch weiße Winter waren und landesweit große Schneemassen geräumt werden mussten, vermietete Mercedes-Benz CharterWay das Universal-Motorgerät (Unimog) in den Varianten U 300 und U 400 sowie U 423 Bluetec 6 (Euro VI) mit verschiedenen Aufbauten für den Einsatz im Winterdienst, beispielsweise mit Feucht- oder Trockensalzstreuautomaten und Schneepflug. Die Fahrzeuge standen in der Kurzzeitmiete ab 24 Stunden, aber auch wochen- oder monatelang zur Verfügung. Leider hat sich das Tochterunternehmen aktuell auf den Verleih von Trucks spezialisiert. Aber anfragen kostet ja bekanntlich nichts. Alternativ kann vielleicht auch die örtliche Straßenmeisterei weiterhelfen ...

98 Eine Mitfahrt im AMG One organisieren

Der AMG One ist zurzeit zweifellos eines der begehrtesten Supercars weltweit. Gut fünf Jahre nach der Präsentation erfolgten im August 2022 die ersten Auslieferungen. Sein Listenpreis: 3,27 Millionen Euro – das Zehnfache eines 911 GT2 RS MR. Die 275 Exemplare waren trotzdem noch vor Produktionsbeginn ausverkauft! Nicht nur das sorgte für Schlagzeilen: Am 28. Oktober desselben Jahres stellte Maro Engel mit dem 1063 PS starken Hypercar-Hybrid mit Formel-1-Technik eine neue Fabelzeit auf: Für die 20,8 Kilometer lange Nürburgring-Nordschleife benötigt das Gespann 6:35,183 Minuten. Der Project one ist damit das schnellste Serienfahrzeug in der grünen Hölle. Der Vorsprung auf den alten Rekord von Porsche beträgt etwas mehr als acht Sekunden. Ob man jemand findet, der diesen Rekord verbessern möchte, ist fraglich, aber eine schöne Landpartie zum Aufwärmen der Reifen mit anschließendem Ausflug auf eine Autobahn ohne Tempolimit sollte im Rahmen des Möglichen liegen. Wenn Sie also einen sehen: Besitzer möglichst freundlich ansprechen, (vielleicht das Blaue vom Himmel versprechen), genießen. Wenn man ja schon selbst keinen besitzen kann …

99

In der G-Klasse die Yungas Road in Bolivien bezwingen

Sie gilt als gefährlichste Straße der Welt, die Yungas Road in Bolivien – 80 Kilometer Drama zwischen La Paz und Caranavi. Eng, geschottert, mit wenig Ausweichmöglichkeiten für den Gegenverkehr. Auf der einen Seite eine steile Felswand, auf der anderen der absolute Abgrund. Dazu kommen Regen, Nebel, Matsch und Schlaglöcher.

Man muss sie nicht fahren, aber man kann – aufgrund durch Steinschlag oft herumliegender Felsbrocken dann doch am liebsten in einer G-Klasse. Da kann der einstige Offroader auch als aktueller SUV dann endlich mal zeigen, dass er zu mehr in der Lage ist, als den quengelnden Nachwuchs in die Schule zu kutschieren …

Einen Fahrrad-Vergleichstest durchführen

100

Was haben Mercedes-Benz, Opel und Peugeot gemeinsam? Klar, für die jeweiligen Markenfans bauen sie die besten Autos der Welt. Aber für uns interessanter ist die Tatsache, dass alle drei Unternehmen in der Fahrradproduktion tätig waren. So lief bei Opel am 21. Juli 1926 das millionste Fahrrad aus eigener Fertigung vom Band und die Rüsselsheimer avancieren zum weltgrößten Fahrradhersteller. Es verfügt über einen Sonderrahmen und ist noch heute im Besitz des Unternehmens. Die Stuttgarter montierten an ihrem 1902 gegründeten und ältesten noch produzierenden Standort der Mercedes-Benz Group in Berlin-Marienfelde die Drahtesel unter der Firmierung „Mercedes-Fahrradwerke GmbH". In Frankreich nahm 1886 das Unternehmen Peugeot Cycles die Produktion von Zweirädern auf und bietet heute hochmoderne E-Bikes an.
Für unseren Vergleichstest nehmen wir jedoch Modelle aus den 1920/30er Jahren. Fortbewegung ausschließlich durch Muskelkraft!